Small Hydropower

事例に学ぶ
小水力発電

小林久+金田剛一 [共編]

本書を発行するにあたって，内容に誤りのないようできる限りの注意を払いましたが，本書の内容を適用した結果生じたこと，また，適用できなかった結果について，著者，出版社とも一切の責任を負いませんのでご了承ください．

本書は，「著作権法」によって，著作権等の権利が保護されている著作物です．本書の複製権・翻訳権・上映権・譲渡権・公衆送信権（送信可能化権を含む）は著作権者が保有しています．本書の全部または一部につき，無断で転載，複写複製，電子的装置への入力等をされると，著作権等の権利侵害となる場合があります．また，代行業者等の第三者によるスキャンやデジタル化は，たとえ個人や家庭内での利用であっても著作権法上認められておりませんので，ご注意ください．

本書の無断複写は，著作権法上の制限事項を除き，禁じられています．本書の複写複製を希望される場合は，そのつど事前に下記へ連絡して許諾を得てください．

(社)出版者著作権管理機構
(電話 03-3513-6969, FAX 03-3513-6979, e-mail: info@jcopy.or.jp)

JCOPY ＜(社)出版者著作権管理機構 委託出版物＞

まえがき

　電力システムの将来像は，大きな発電所，基幹送電と配電で構成される「大規模集中型」のままだろうか，それとも多数の再生可能電源も各地で活躍する「小規模分散型」であろうか．再生可能電源の「大規模集中」にするべきだ，と主張する人がいるかもしれない．しかし，大規模であっても再生可能電源は，現在の大規模発電所とは比較にならないほど小さい．たとえば，10 ha という広大な太陽光発電所でも年間発電量は 1000 万 kWh に満たない．年間に数十億〜100 億 kWh を生産する一つの火力発電所を代替するために，数千箇所という数の 10 ha クラスの太陽光発電所が必要になる．実際には，建物の屋根や各地の小さな空き地にパネルが設置されるので，その数は想像以上に多くなる．

　さらに，再生可能エネルギーは，日・季節・年変動が大きく，地域的な偏りも著しい．このため，再生可能エネルギーの利用は，環境・自然の移ろいとの協調や地域への配慮を必要とし，集中管理が難しい．再生可能電源を使う社会の電力システムは，地域の特性に合わせて，小規模な開発が各地でつぎつぎに広がるような「小規模分散型」に向かうほうが合理的であるように思える．

　ところで，再生可能エネルギーの中にあって，水力は地域性があるものの，比較的安定して利用することが可能である．そして何より，水は，わたしたちの暮らしや食糧生産に欠くことができないため，きわめて身近である．おそらくそのような理由からであろう，水からエネルギー(動力)を得る試みの歴史は古い．水車が使われていたことは，紀元前 1 世紀の記録で確認できるという．しかし，ギリシア水車という言葉があるので，おそらく紀元前 5〜4 世紀には，すでに水力は利用されていたに違いない．

　わが国の水力利用の歴史も結構古い．最初の記述は「日本書紀」の巻 22 推古天皇の条に「十八年（西暦 610 年，推古天皇の時代）の春三月に，高麗の王，僧曇徴，法定を貢上る．曇徴は五経を知れり，旦能く彩色及び紙墨を作り，并て碾磑造る．蓋し碾磑を造ること，是の時に始るか」に見られる（「碾磑（みずうす，てんがい）」は水力を利用した製粉用の臼のことである）．

まえがき

　701年に制定された「大宝律令」の雑令（度量衡など他の諸令に収めることができない規定一式）には，「凡そ水を取り田に灌漑せんとするには，皆下より始め順次使用せよ，其渠によりて碾磑を設くるには国郡司を経，公私妨害なくば之を聴許せよ」とある．飛鳥時代には，水車が普通に使われていたと考えてよいだろう．

　面白いところでは，「徒然草」の第五十一段に「亀山殿の御池に，大井川の水をまかせられむとて，大井の土民に仰せて，水車（みづぐるま）を作らせられけり．多くの銭（あし）を賜ひて，数日（すじつ）に営み出してかけたりけるに，大方廻らざりければ，とかく直しけれども，終に廻らで，徒らに立てりけり．さて宇治の里人を召してこしらへさせられければ，やすらかに結ひて参らせたりけるが，思ふやうに廻りて，水を汲み入るゝ事，めでたかりけり．」というくだりがある．現代でも同じだが，プロの技術が大事であること，さらに鎌倉時代には，社会が必要とする水力技術の専門家（宇治の里人というような水車技術者集団）とその専門家を使おうとする地域の目利きがすでに存在していたことがわかる．

　さて，わが国の水力発電の技術は明治時代にはじまり，大正時代にはプロの技術となっていた．そのことは，『水力発電所』（全3巻，翻訳本）などの水力発電の計画設計に関わる専門書が，すでに昭和2年に刊行されていたことからもわかる．その頃は，各地の電力会社だけでなく，「おらが村」にも，「おらが町」にも電気を，と考える各地の熱い先駆者が水力開発に取り組み，1年間に100箇所近くの水力発電所が新設された．それら発電所の平均出力は約1000kWであったから，当然，数百kW以下の小規模な発電所もプロの技術の対象になっていたはずである．

　そのような小規模な水力発電開発は1960年代半ばから急減し，その後，著しく少ない開発量の時代が長く続いた．そのため，小さな水力に関するプロの技術は細った．21世紀になり，温暖化問題の顕在化とともに，少し変化の兆しが現れた．2012年以降は，固定価格買取制度の導入や社会環境の変化にともなって，小さな水力に対する関心や開発意欲も増加した．こうして，身近な水のエネルギーを利用するさまざまな試み，時代の要請に応える積極的な取組み，少量・低落差の水力をより有効に利用する工夫などの事例が，ようやく各地で積み重なるようになった．小規模な水力は再びプロの技術を蓄積しはじめたといってよいだろう．

「宇治の里人」という専門家集団は，水車を普通に使っていた社会が必要とし，育成したからこそ，存在していたに違いない．プロの技術を育成し，専門家を増やし，技術の向上・革新を図るためには，第一にその技術を必要とする社会が形成されてなければならない．そのような社会の実現には，技術に関する開発量を一定水準以上にすることが求められる．小水力発電は，地域性があるという再生可能エネルギー特有の性格をもち，地域配慮が求められるエネルギー資源である．であるから，一定水準以上の開発量を達成・維持するためには，地域の水を知る小水力の目利きや専門家が各地に登場し，地域に適した開発を各地で構想し，計画・デザインし，具体化していかなければならない．

　わが国では，年間100箇所を超える数十〜1000kW級の水力発電所の開発が可能である，と筆者は考えている．実現には，鎌倉時代や大正時代のように，水力を本気で考える地域の目利き・先駆者とこの分野の技術専門家が当たり前に存在していなければならない．本書は，小水力に関心をもつ地域の関係者や技術者予備軍に，蓄積されはじめた新たなプロの技術を紹介することで，そのような地域の目利き・先駆者と専門家への階段を上ろうとする水力技術者を増やすことを目指している．本書が，各地で小水力に関心をもつ多くの人たちを触発し，いまより一桁多い開発量を実現することに少しでも寄与できるのであれば，編者・著者にとって，これに勝る幸せはない．

　事例を収集するにあたっては，水力発電事業懇話会，公営電気事業経営者会議，全国土地改良事業団体連合会，新エネルギー財団には多大なご協力をいただいた．また，お忙しい中，事例原稿をご用意いただいた執筆者の皆様，さらに筆の遅さを我慢して添削や編集にご尽力いただいたオーム社の書籍編集局には，何かとご迷惑をお掛けした．これら関係者の皆様に，重ね重ね深謝申し上げる．

2015年1月

　　　　　　　　　　　　　　編者を代表して　小　林　　久

編者・編集幹事・執筆者一覧

編　　者	小林　　久（茨城大学農学部地域環境科学科教授）
	金田　剛一（全国小水力利用推進協議会理事・運営委員）

編集幹事	和栗　　淳（水力発電事業懇話会, 東京発電株式会社）
	中川　　豊（公営電気事業経営者会議）
	平林　秀紀（全国土地改良事業団体連合会, 現農林水産省農村振興局整備部設計課）

[執筆箇所]

執筆者		
坂本　正樹	（山梨県企業局電気課研究開発担当）	[1-01, 2-05]
中川　　豊	（公営電気事業経営者会議）	[1-02, 8-24]
生熊　優章	（東京発電株式会社マイクロ水力営業グループ）	
		[1-03, 2-10, 3-11, 4-14, 4-15, 6-19, 7-23]
橋本　雅一	（一般財団法人新エネルギー財団）	[1-04, 2-09]
奈良　泰史	（健康科学大学特任教授）	[2-06]
吉田　憲司	（嵐山保勝会水力発電担当理事）	[2-07]
金田　剛一	（全国小水力利用推進協議会理事・運営委員）	
		[2-07, Column ❶, 付録 1]
星野恵美子	（那須野ヶ原土地改良区連合）	[2-08, 8-25]
越智祐一郎	（住友共同電力株式会社）	[3-11]
古谷　桂信	（地域小水力発電株式会社）	[3-12]
独立行政法人　水資源機構　霞ヶ浦用水管理所		[4-13]
川畑　雄司	（九州発電株式会社）	[5-16]
相沢　成樹	（東京発電株式会社水力事業部運営管理グループ）	
		[5-17, 7-21, 7-22, Column ❸]
上山　隆治	（西粟倉村役場産業観光課）	[6-18]
田中　則和	（ほくでんエコエナジー株式会社）	[6-19]
福田　真三	（日本工営株式会社電力事業本部建設事業部）	[7-20]
渡部　昭心	（三峰川電力株式会社）	[7-23]
宮本　賢一	（大分県商工労働部工業振興課）	[8-26]
三輪　真司	（日本小水力発電株式会社）	[Column ❷]
小林　　久	（茨城大学農学部地域環境科学科教授）	
		[Column ❸, Column ❹, Column ❺, 付録 1, 付録 2]
南　　弘雄	（株式会社北陸精機水車事業部）	[Column ❻]
和栗　　淳	（水力発電事業懇話会, 東京発電株式会社）	[付録 1]

目 次

第1章　水　源

01　若彦トンネル湧水発電所 …………………………………………… 02
02　胆沢第四発電所 ……………………………………………………… 08
03　白川／古都辺発電所 ………………………………………………… 14
04　新猪谷ダム発電所 …………………………………………………… 20

第2章　水　車

05　塩川第二発電所 ……………………………………………………… 26
06　家中川小水力市民発電所（元気くん1〜3号）………………… 32
07　嵐山保勝会水力発電所 ……………………………………………… 40
08　百村第一・第二発電所 ……………………………………………… 44
09　大町新堰発電所 ……………………………………………………… 48
10　山宮発電所 …………………………………………………………… 52
Column ❶　高落差の経済性を追求する（立軸・多ノズルペルトン水車）…… 57

第3章　取水／レイアウト

11　大平発電所 …………………………………………………………… 60
12　馬路村小水力発電所 ………………………………………………… 64
Column ❷　低落差も使い尽くすヨーロッパの挑戦 ………………………… 71

第4章　余剰圧利用

13　小貝川水力発電所 …………………………………………………… 74
14　北部第一・第二／江ヶ崎／鷺沼発電所 …………………………… 80
15　港北／妙典／幕張発電所 …………………………………………… 86
Column ❸　「環境に優しい水道」をめざすさいたま市水道局の小水力 …… 90

第5章 施　工

- 16　船間発電所 …………………………………………………… *96*
- 17　華川発電所 …………………………………………………… *100*
- Column ❹　溜池の放流を活用する「長橋溜池発電所」……… *107*

第6章 更　新

- 18　西粟倉水力発電所 …………………………………………… *110*
- 19　滝上芝ざくら発電所 ………………………………………… *120*
- Column ❺　ドイツの山村で引き継がれる小水力 …………… *129*

第7章 復　活

- 20　新曽木発電所 ………………………………………………… *132*
- 21　落合楼発電所 ………………………………………………… *138*
- 22　須雲川発電所 ………………………………………………… *144*
- 23　蓼科発電所 …………………………………………………… *150*

第8章 農業用水

- 24　仁右ヱ門用水発電所 ………………………………………… *158*
- 25　新青木発電所 ………………………………………………… *164*
- 26　城原井路発電所 ……………………………………………… *168*
- Column ❻　無償資金協力によるフィリピン国イサベラ州の
　　　　　　小水力発電事業 ……………………………………… *174*

付録 1　用語解説 …………………………………………………… *177*
付録 2　水車の分類 ………………………………………………… *190*

事例の水源,水車タイプ別一覧

水源	水車タイプ	事例No.	発電所名(事業者)	所在地
湧水	フランシス	1	若彦トンネル湧水発電所(山梨県企業局)	山梨
維持放流	フランシス	4	新猪谷ダム発電所(北陸電力)	富山
	プロペラ	2	胆沢第四発電所(岩手県企業局)	岩手
河川	プロペラ	7	嵐山保勝会水力発電所(嵐山保勝会)	京都
	プロペラ	19	滝上芝ざくら発電所(ほくでんエコエナジー)	北海道
	プロペラ	20	新曽木発電所(日本工営)	鹿児島
	プロペラ	21	落合楼発電所(東京発電)	静岡
	フランシス	17	華川発電所(東京発電)	茨城
	フランシス	18	西粟倉水力発電所(西粟倉村)	岡山
	フランシス	22	須雲川発電所(東京発電)	神奈川
	クロスフロー	11	大平発電所(住友共同電力)	高知
河川(準用)	下掛け,上掛け,らせん	6	家中川小水力市民発電所(都留市)	山梨
河川(普通)	フランシス	23	蓼科発電所(三峰川電力)	長野
	フランシス	12	馬路村小水力発電所(馬路村)	高知
	ペルトン	16	船間発電所(九州発電)	鹿児島
用水(農業)	フランシス	25	新青木発電所(那須野ヶ原土地改良区連合)	栃木
	ペルトン	9	大町新堰発電所(東京電力)	長野
	フランシス	24	仁右ヱ門用水発電所(富山県企業局)	富山
	プロペラ	26	城原井路発電所(城原井路土地改良区)	大分
	カプラン	8	百村第一・第二発電所(那須野ヶ原土地改良区連合)	栃木
用水(工業)	フランシス	13	小貝川水力発電所(水資源機構)	茨城
用水(上水)	クロスフロー	3	白川/古都辺発電所(東京発電)	群馬
上水	ポンプ逆転	5	塩川第二発電所(山梨県企業局)	山梨
	フランシス	10	山宮発電所(東京発電)	山梨
	チューブラ	14	北部第一・第二/江ヶ崎/鷺沼発電所(東京発電)	埼玉
	フランシス	15	港北/妙典/幕張発電所(東京発電)	神奈川,千葉

第 1 章
水 源

　水力発電の水源は湧水、湖、池、河川など多様です．水源によって、手続き、検討内容あるいは設備構成も変わります．たとえば、河川の水を取水して使用するのか、すでに用水されている水を使うのかによって、発電設備のレイアウト、関係する人や組織、場合によっては事業の形態さえ異なります．

　このため、水力発電は使用する水の種類によって分けることもできるので、本来であれば、紹介する事例を水源別に分けるべきかもしれません．しかし、ここでは小規模ですが、このような水の利用からもエネルギー生産ができることを確認していただくために、あえて水源としてやや特殊な湧水と浄水前の上水を使用する事例、さらに最近、各地で開発が進んでいるダムから放流される維持流量利用の事例を取り上げて紹介することにしました．

01 湧水利用
若彦トンネル湧水発電所

図1・1　若彦トンネル湧水発電所全景（カバーを開放した状態）

沿革

　若彦トンネル湧水発電所は，山梨県の豊かな水資源を活用した小水力発電を積極的に推進し，二酸化炭素の排出抑制による地球温暖化防止を全県下で展開する「クリーンエネルギー先進県やまなし」の実現を目指すための施策の一つである，「小水力発電モデル施設の整備」として建設を計画した4地点のうちの第2地点です．

　山梨県県土整備部において，富士河口湖町大石と笛吹市芦川町を結ぶ一般県

図1・2　設置前の状況（左の盛土が若彦トンネルのアプローチ道路）

仕　様

発電所名：若彦トンネル湧水発電所
所 在 地：山梨県南都留郡富士河口湖町
所 有 者：山梨県企業局
発電の形式／方式：水路式
最大出力〔kW〕：80 kW
最大使用水量〔m³/s〕：0.21 m³/s

運転開始年月日：平成22（2010）年4月1日
目　　的：売電

常時出力〔kW〕：50 kW
有効落差〔m〕：52.00 m

取水／放水

取 水 位〔m〕：942.300 m
放 水 位〔m〕：884.910 m

設　備

水　　車：横軸単輪単流渦巻型フランシス水車，最大出力85 kW，（株）中川水力
発 電 機：横軸三相誘導発電機，最大容量90 kVA，富士電機（株）
制御・連系装置：Y級ガバナ・三相3線高圧配電線連系
取水設備：トンネル湧水集水地下式水槽
水 圧 管：硬質ポリ塩化ビニル管およびFRPM管
放 水 路：矩形断面開渠

道河口湖芦川線を整備するにあたり，ほぼ中央部に位置する大石峠の直下を貫く若彦トンネル（延長2,615 m）の掘削工事の際に大量の湧水が発生しました．その大部分はトンネル内の勾配により河口湖側へ排水されますが，その一部（0.21 m³/s）と排水路の高低差を利用し，未利用エネルギーの有効活用を図ることを目的として小水力発電設備を設置しました．

図1・3　トンネルからの湧水状況（流量をモニタリングするための水位計を設置）

01 若彦トンネル湧水発電所

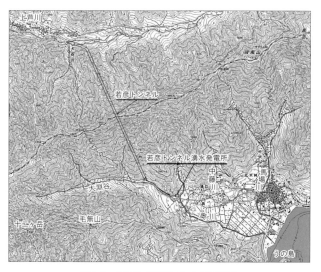

図1・4 位置図（25 000分の1地形図）

特徴的な施設

若彦トンネル湧水発電所は、水車型式はフランシスであるものの新たな技術的な取り組みを数多く採用しているため、以下に整理します．

(1) 水車関係

水車は、本格的なフランシス水車を小水力発電で使用するために、出来る限りの小型化を図った機種を導入しました．比速度 N_s が約 65 m・kW とフランシス水車としては低い値ですが、ランナの薄型化により、高効率な水車効率を達成し

図1・5 水車の据付状況（水車は工場で鋼製架台と一体的に製作され、現場での調整を最小限とした）

つつ，ガイドベーンなどの流量調整機能を省略せず，高い部分負荷効率を達成することができました．弱点ピンは製作限界を超えたため省略しています．

水車の調速は，誘導発電機を採用しましたが，よりソフトな並列が可能となるよう，同期速度を確立できるY級ガバナを採用しています．今回の導入により，200 kW以下の規模においても，機能的に優れた発電システムの導入が可能であることを確認できました．

(2) 建屋の省略

小水力発電所では建屋の設置費用がコスト高の原因となることがあるため，配電盤などはすべて屋外仕様とし，建屋を省略しました．水車発電機は，開閉式の鋼製カバーを用いることで，施設の保全と騒音の低減などに貢献しています．

(3) 水路工作物

水路工作物では，制水門の省略に取り組みました．水槽に逆勾配を付け，排砂ゲートを最上流部に設置し，水槽抜水と水圧管路の制水を兼ねる構造としました．

図1・6　発電所全景（発電所は建屋を設けず開閉式のカバーを設置した．この写真はカバーを閉じた状態）

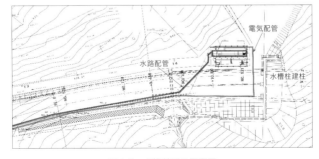

図1・7　水槽付近の平面図

01　若彦トンネル湧水発電所

図1・8　発電所付近の平面図（連系配線は架空とできないため，埋設線とした）

(4) 遠隔監視

　遠隔監視は，非常時の連絡には自動音声通報システムを用い，状態の確認も本装置にもたせました．現場確認用として，一般的となっているWEBカメラを合わせて導入しています．

　一方で，安価なWEB方式での状態確認のネックである制御所へのSVおよびスケーリング電流の伝送を解決するため，監視カメラのVPNを利用して，プログラムレスのIPテレメータを導入しました．スケーリング値の伝送が2量，接点の伝送が14点に限定されるが，この機能により，非常停止のボタン操作を制御所に設けることができるなど，通常の常時監視方式に近いレベルの監視制御が可能となりました．

　山梨県企業局では，若彦トンネル湧水発電所を含む4つの小水力発電所をモデル施設として建設したところですが，これらの発電所の経緯をとりまとめた事例集を発刊しています．

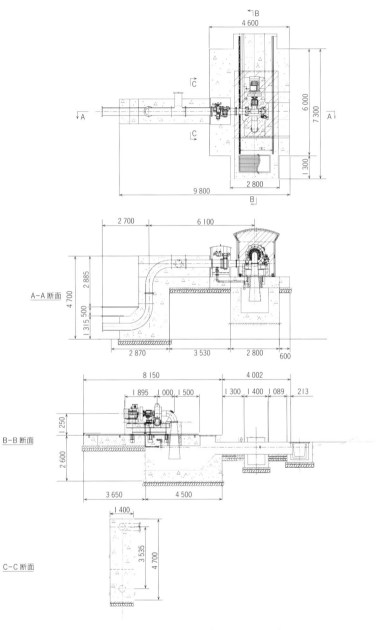

図1・9 発電所設置後の状況（平面図，断面図）

02 維持放流／プロペラ

胆沢第四発電所

図2・1 発電所建屋（吸出し高さを考慮して半地下式としている．内装には，吸音材を使用し外部へ運転音が漏れるのを軽減している）

沿革

北上水系胆沢川上流の胆沢ダム建設に伴い，ダム直下地点において1.8 m³/sの河川維持流量とかんがい用水が放流されることとなり，胆沢ダム下流約3 km地点にある若柳えん堤においては，残流域からの流入を0.1 m³/s見込んだ1.9 m³/sの河川維持流量とかんがい用水を放流することが求められました．

若柳えん堤は，県営として初めての発電所である既設胆沢第二発電所（昭和32（1957）年運転開始）の取水口と農業用水頭首工を兼ねた堰であり，東北農政局と岩手県企業局の共有設備となっています．若柳えん堤には，放流設備としてローラゲートが9門ありますが，一定の河川維持流量を調節して放流する機能を有していないことから，東北農政局と企業局において協議を重ね，若柳えん堤地点に正常流量（河川維持流量＋かんがい用水）流下施設を胆沢ダムが完成する平成25（2013）年度末までに設置することの覚書を平成10年度に取り交しました．

この時点では発電計画はありませんでしたが，その後の社会情勢の変化により，地球温暖化によるCO_2排出抑制の必要性や再生可能エネルギーの重要性が

仕 様

発電所名：胆沢第四発電所
所 在 地：岩手県奥州市胆沢区若柳　　　運転開始年月：平成 24（2012）年 12 月
所 有 者：岩手県企業局　　　　　　　　目　　的：売電
発電の形式／方式：ダム式
最大出力〔kW〕：170 kW
発電機定格出力は 160 kW であるが，試験の結果 170 kW の出力が確認され最大出力を変更している
常時出力〔kW〕：140 kW　　　　　　　最大使用水量〔m^3/s〕：2.284 m^3/s
有効落差〔m〕：9.85 m

取水／放水

河川名／水系名（級別）：一級河川，北上川水系胆沢川
取 水 位〔m〕：EL 198.50 m　　　　　　放 水 位〔m〕：EL 187.80 m

設 備

水　　　車：横軸固定羽根プロペラ水車，最大出力 182 kW，（株）東芝
発　　　電：横軸三相かご形誘導発電機，定格出力 160 kW，（株）東芝
制御・連系装置：発電機制御盤 1 面，所内変圧器・分電盤 1 面，UPS 盤 1 面，単独運転検出
　　　　　　　装置 1 式，遠方監視制御装置，柱上高圧気中負荷開閉器 1 台
取 水 口：重力式コンクリートえん堤，堤高 14.8 m，堤頂長 83.8 m
水 圧 管：鋼管　管径 1.1 m，管胴長 48.682 m
放 水 路：鉄筋コンクリート造，高さ 3.650 m，幅 4.000 m，延長 9.050 m

高まり，平成 19 年度において自然エネルギーを有効活用する観点から，正常流量流下施設を活用した胆沢第四発電所の建設が計画，発電設備が整備され，平成 24（2012）年 12 月に運転を開始しました。

02　胆沢第四発電所

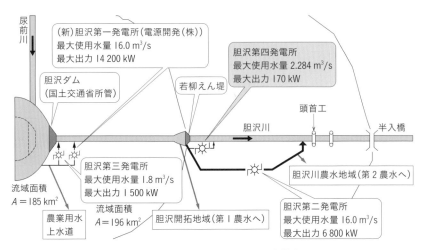

図2・2　胆沢川を利用する発電所の取水模式図

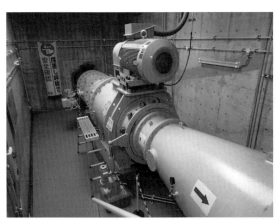

図2・3　横軸固定羽根プロペラ水車（水車は流量調整が可能で有効落差を最大限活用できる横軸固定羽根プロペラ水車を選定した）

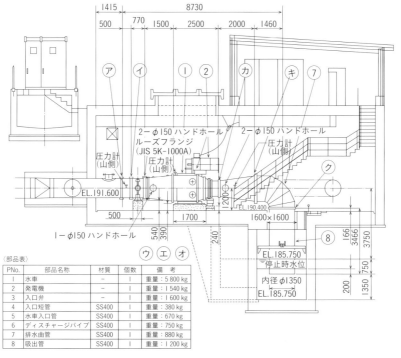

図2・4　横軸固定羽根プロペラ水車の側面図

配慮や工夫，特徴的な施設

(1) 代替放流管

胆沢第四発電所は，発電所の点検や故障などによって発電停止となる場合には，図2・4の代替放流管（白丸印）から流量を調整して正常流量を流下させます．

(2) 取水設備

取水設備は，既設胆沢第二発電所取水口内に新設取水口を設けるものとしましたが，既設構造物が約50年経過していることや工事期間の短縮などを考慮して，既設構造物に改造が不要であり応力の影響が最も少ないサイフォン方式を採用することとしました．

図2・5　代替放流管

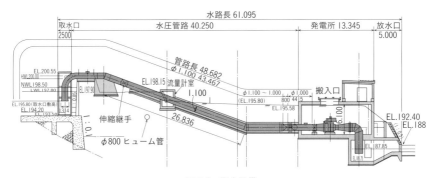

図2・6　取水設備

(3) 水圧管略

　水圧管路に使用される管種は，サイフォン部，曲管部および分岐箇所などがあることから，現場での接続性に優れる鋼管（SS400）を採用しました．また，サイフォン方式であることから，鉄管下部充水用の渦巻斜流ポンプ（3.3 m^3/min × 2.5 m × 1 台）とサイフォン部充水用の真空ポンプ（Max1.0 m^3/min × Max93 kPa × 2 台）を設けています．

　さらに，サイフォン管の頂部には，充水状態を確認する満水検知槽があり，管内に溜まった空気は，満水検知槽内部の電極式レベルスイッチにより真空ポンプが自動運転しサイフォンを常に満水状態とします．

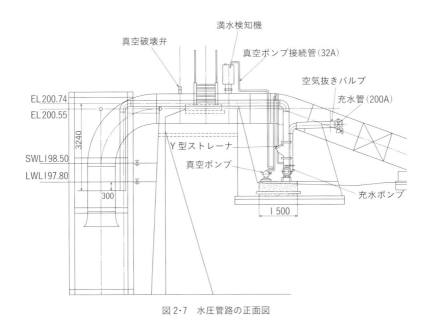

図2・7 水圧管路の正面図

その他

　胆沢第四発電所の発電機は定格出力160kWで設計・製作されていましたが，現地試験において，当初設計した機器効率に対して，実機性能が高いものとなり，発電機の定格出力を超える170kWでの運転状態が発生することが確認されました．発電機の過負荷運転を評価する場合，温度上昇が大きな要素となるが，現地試験時の出力，電流，温度上昇記録は設計値に対して問題となる値ではないこと，工場試験データから固定子巻線温度上昇値は71Kと温度上昇限度値の105Kに対して余裕がある設計となっていることから，「本発電機は，170kWの連続運転に十分耐える」との見解を得て，最大出力を170kWに変更しています．

03 白川／古都辺発電所

用水システム／上水道原水

白川発電所

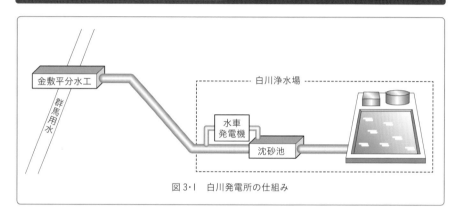

図 3・1　白川発電所の仕組み

沿革

　白川発電所は，群馬用水金敷平分水工と高崎市水道局白川浄水場を結ぶ導水管の自然流下エネルギーを水力エネルギーとして回収するもので，白川浄水場内に設置されています．浄水場に一定量で注入する用水を利用しているため，非常に高い利用率で発電を行うことが可能となっており，その電力は全量を FIT 制度（再生エネルギーの固定価格買取制度）を活用して東京電力に売電しています．群馬県内において，高崎市水道局と東京発電（株）が共同で実施する発電事業の

図 3・2　水車発電機

図 3・3　水車発電機建屋

仕　様

発 電 所 名：白川発電所
所　在　地：群馬県高崎市箕郷町上芝 705-1　白川浄水場
運転開始年月：平成 23（2011）年 5 月
目　　　的：売電
最大出力（kW）：55 kW
有効落差（m）：46.207 m
所　有　者：東京発電（株）
発電の形式／方式：マイクロ式／流れ込み式
常時出力（kW）：51 kW
取　水　量（m³/s）：0.175 m³/s

設　備

水　　　車：横軸単輪クロスフロー水車，最大出力 60 kW，（株）中川水力
発　電　機：三相誘導発電機，最大出力 75 kW，富士電機（株）
制御・連系装置：屋外キュービクル，6.6 kV 高圧連系盤
水　圧　管：入口弁 300A
放　水　路：出口弁 300A

2 事例目であり，1 事例目の若田発電所（出力 78 kW）は高崎市水道局若田浄水場内に設置され，全量を FIT 制度にて売電しています．

　白川浄水場は，高崎市箕郷町上芝地区にあり，工事費約 6 億円で昭和 49（1974）年 5 月に創設されました．昭和 55（1980）年 6 月に群馬用水と土地改良区の協力を得て同町金敷平分水工から分水を受け，利根川の水がはじめて高崎市民に供給されることとなりました．

　その後，昭和 58（1983）年には群馬県県央第一水道から浄水の受水を開始しました．

　現在は群馬用水からの原水取水 13 500 m³ と県央第一水道から浄水 15 000 m³ で日量最大の合計 28 500 m³ の給水能力があります．

　この浄水場は，急速ろ過方式を採用しているため，約 2 時間で原水を浄化でき，ろ過池の目詰まりも機械で自動的に洗浄するなど，少ない人数や少ない面積で処

図 3・4　白川浄水場

03 白川／古都辺発電所

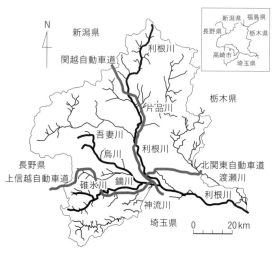

図 3・5　白川浄水場の位置図

理できるようになっています．

配慮や工夫，特徴的な施設

　上水道を利用した発電所の多くは，浄水場から配水場へ送る際のエネルギーを利用しています．経済性に見合う形で設置するためには，発電所出力をある一定量以上確保することが重要になり，結果として人口が多く配水量が多い首都圏に片寄りがちになっています．

　そこで，河川から取水した水が浄水場へ入ってくる地点に存在する未利用エネルギーに着目しました．原水を利用するため，河川法の申請等の手続きが必要となりますが，取水地点からの高低差を利用し発電できる可能性が高くなります．なお，平成 25（2013）年 12 月より河川法が改正され，このように水道水利に従属する形で発電水利を取得する場合は，許可申請ではなく登録方式となり，簡易な手続きで対応可能になっています．

　また，取水地点に発電所を設置する場合，屋外に発電所を設置することが多く，防音のため，発電所に蓋や囲いをつくるなどの対策が必要になります．

　なお，主目的である上水道の水運用を変えない設備の構成が必要です．特に発電設備の事故によって，水量が急変や断水しないように，導水管にバイパスを設置するなどの配慮が必要となります．

❈ その他

白川発電所は，発電用水利権を取得しています．

従属発電の場合，水利権を要しない場合があります．基本的には以下の二つの場合となります．

① 農業用水の場合，田んぼや畑で消費した後の用水
② 上水道の場合，浄水化した以降の「水道水」

白川発電所は，浄水場で浄水される手前で発電しているので，従属発電であっても水利権を要する発電所に区分されます．

古都辺発電所

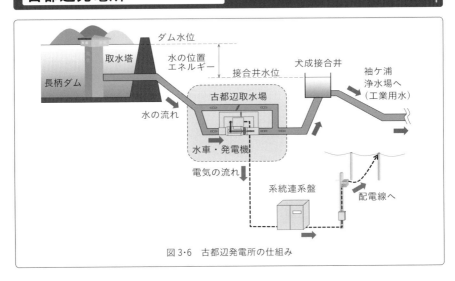

図3・6　古都辺発電所の仕組み

03 白川／古都辺発電所

仕 様

発電所名：古都辺発電所
所 在 地：千葉県市原市古都辺600　古都辺取水場
運転開始年月：平成26（2014）年4月　　　所 有 者：東京発電（株）
目　的：売電
発電の形式／方式：マイクロ式／流れ込み式
最大出力〔kW〕：198 kW　　　　　　　　有効落差〔m〕：17.75 m
取 水 量〔m³/s〕：1.53 m³/s

設 備

水　　車：マイクロチューブラ水車，最大出力211 kW，富士電機（株）
発 電 機：三相誘導発電機，最大出力198 kW，富士電機（株）
制御・連系装置：屋外キュービクル，6.6 kV高圧連系盤
水 圧 管：入口弁900 A　　　　　　放 水 路：出口弁900 A

沿革，特徴的な施設

　古都辺発電所は，工業用水の原水を利用し，平成26（2014）年4月に運転を開始した発電所です．白川発電所の水道原水の利用と同じで，河川法上は工業用水水利に完全従属する形で発電水利を取得しています．水力発電所は，古都辺取水場内で，長柄ダムから袖ケ浦浄水場に取水している配管ラインの高低差を利用し，配管途中にある流量調整弁をバイパスする形で設置されています．水車は，低落差向けの軸流プロペラ水車が使用されています．発電された電力は，FIT制度で全量売電しています．

　なお，千葉県の要望として，既設の流量調整弁が残され，継続的に独立した制御，操作が行われています．そのため，後から追加設置された水力発電設備でも制御は独立した形式で実現されるという，他にはない特徴を備えています．また，取水口のある長柄ダムは独立行政法人水資源機構が運用しているため，湖面水位が発電事業者側の意図と関係なく変動するため，水位変動に追従する発電が行える設備構成としています．

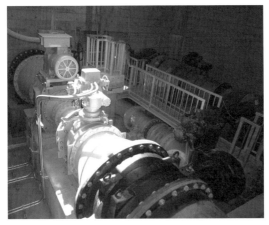

図 3・7　水車発電機の外観

04 新猪谷ダム発電所

河川維持流量

図4・1 新猪谷発電所全景

図4・2 新猪谷ダム発電所の位置図

沿 革

　北陸電力では，再生可能エネルギー導入拡大の一環として，水力発電所の新設および再開発により，平成32（2020）年までに平成19（2007）年比で約100GWhの発電量増を目指しています．
　新猪谷ダム発電所は，既設猪谷発電所の水利使用期間更新時に，上流の牧発電所と同量の1.573m³/sの河川維持流量が義務付けられたため，河川管理者と協議を行い，この流量を満足する1.650m³/sを最大使用水量とし，最大有効落差36.42mを得て最大出力500kWを発電する維持流量発電所として設置されたものです．
　新猪谷ダム発電所を含む4地点の河川維持流量を利用した新規発電所（仏原ダム：220kW，有峰ダム：170kW，北又ダム：130kW）の開発により，目標発電量増の約1割を担うことが可能です．

図4・3 猪谷発電所全景

仕　様

発電所名：新猪谷ダム発電所（RPS法認定設備）
所 在 地：岐阜県飛騨市神岡町東茂住字赤谷
運転開始年月：平成24（2012）年12月　　　所 有 者：北陸電力(株)
目　　的：河川維持流量放流　　　　　　　　発電の形式／方式：ダム式／流れ込み式
最大出力〔kW〕：500 kW　　　　　　　　　最大使用水量〔m^3/s〕：1.650 m^3/s
有効落差〔m〕：36.42 m

取水／放水

河川名／水系名：高原川／神通川水系（一級河川）
取 水 位〔m〕：EL 278.000 m（常時満水位）～ EL 272.200 m（最低水位）
放 水 位〔m〕：EL 238.400 m　　　　　　　流域面積〔km^2〕：762 km^2

設　備

水　　車：横軸フランシス水車，出力525 kW，芦野工業(株)
発電機：横軸三相同期発電機，容量500 kVA，(株)明電舎
制御・連系装置：随時巡回方式（配電線連系／単独運転防止装置）
取水設備：スクリーン取水設備（サイフォン取水）
水圧管路：ϕ 800 mm（SM400A），L=49.85 m
河川維持流量放流設備：ジェットフローゲート（ϕ 350 mm）

関連施設の諸元

①新猪谷ダム
　目　　的：発電　　　　　　　　　　　　型　　式：コンクリート重力式
　堤　　高：56.00 m　　　　　　　　　　 堤 頂 長：154.00 m
　堤 体 積：74 000 m^3　　　　　　　　　総貯水容量：4 270 000 m^3（建設時）
　有効貯水容量：1 410 000 m^3（建設時）
②猪谷発電所
　最大出力：23 600 kW　　　　　　　　　最大使用水量：31.5 m^3/s
　有効落差：85.45 m
③新猪谷発電所
　最大出力：35 400 kW　　　　　　　　　最大使用水量：45.0 m^3/s
　有効落差：87.50 m

平成21（2009）年3月：新猪谷ダム発電所新設計画発表
平成22（2010）年3月：河川法許可申請（第23, 24, 26, 55条）
平成22（2010）年8月：電気事業法工事計画届出（第48条）
平成22（2010）年10月：着工
平成24（2012）年11月：河川法一部使用承認検査受検・社内試験開始
平成24（2012）年12月：河川法完成検査受検・発電所運転開始

04 新猪谷ダム発電所

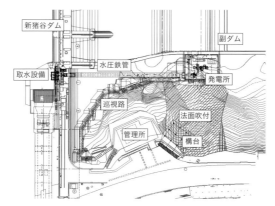

図4・4 新猪谷ダム発電所の平面図

図4・5 新猪谷ダム発電所の縦断面図

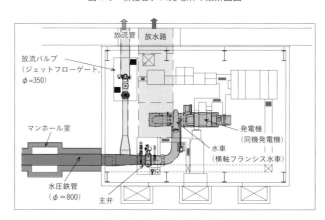

図4・6 発電所内の平面図

図4・7 新猪谷ダム発電所の外観

図4・8 新猪谷ダム発電所の内部

配慮や工夫，特徴的な施設

(1) 発電所位置（水路ルート）

発電所位置の選定にあたっては，ダム直下への重量物（水車：5t）の資機材搬入が可能な右岸側としています．また，クレーン能力・作業位置・仮設について検討を行うとともに，将来の水車等機器取替えを考慮して，永設構造物としての鋼製橋台（メタルロード工法）を設置しています．

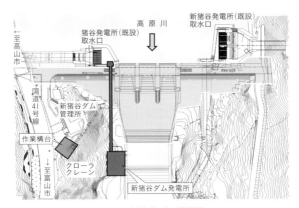

図4・9 新猪谷ダム平面図

(2) 取水設備

取水方式は，ダム堤体内部に水圧管路を貫通させる水平式取水方式では，工事中および抜水点検等の維持管理において水位制限が必要となり，既設発電所の減電量が大きくなることから，サイフォン取水方式としています．

取水設備は，流木による設備の損傷を防ぐため，既設設備を有効活用し，猪谷発電所取水口の網場内に取水設備を設置しています．また，塵芥流入防止のた

め，引上げ式バースクリーン（縦バー間隔30mm），水圧鉄管呑口部にストレーナを設置するとともに，サイフォン呑口を最低水位より2m低くしています．

(3) 水圧管路

ダム堤体背面に沿って配置する水圧鉄管については，将来の高所における外面再塗装等の維持管理工事を考慮して，コンクリート巻立としています．

(4) 河川維持流量放流設備（発電所停止時）

放流ゲート分岐管（直角分岐）は，渦キャビテーションおよび付着渦キャビテーション発生限界を考慮して，分岐管径が決定されています．

参考文献

1) 大森義晴，竹山哲郎，岡田拓也：新猪谷ダム発電所新設工事の設計・施工，電力土木，No.366，pp.13-17，2013.7
2) 本林敏功：北陸電力における技術革新のあゆみ，電気評論，第583号（第98巻第1号），pp.92-94，2013.1
3) ニュースリリース：新猪谷ダム発電所営業運転の開始について，北陸電力，2012.12.25

第2章 水車

　流量や落差に応じて，選定する水車の種類が異なるので，小水力発電所は水車タイプによって分けるべきだ，と考える人が多いかもしれません．確かに，小水力発電所を見学したり，調べたりするとき，水車タイプを最初に確認することが少なくないようです．本書でも，小水力発電を知ってもらうために，一般的な水車分類の説明を付録にまとめてみました．

　しかし，そのような水車タイプ別の小水力発電所の紹介は，水車タイプの特性や水車選定に関する解説があるマニュアルや手引きなどに譲ることにし，ここではあえて水車にも様々なものがあることを知ってもらうための事例を並べてみました．ペルトン水車、フランシス水車，カプラン水車などの一般的な水車分類を離れて，様々な水車が各地で活躍していることを知っていただきたいと思います．

05 ポンプ逆転 塩川第二発電所

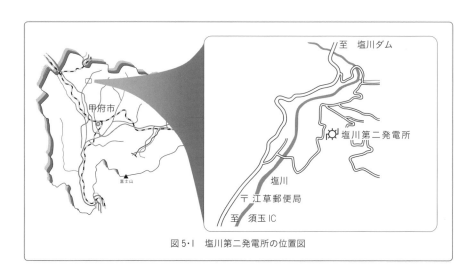

図5・1 塩川第二発電所の位置図

沿革

　塩川第二発電所は，山梨県の豊かな水資源を活用した小水力発電を積極的に推進し，二酸化炭素抑制による地球温暖化防止を全県下で展開する「クリーンエネルギー先進県やまなし」の実現を目指すための施策の一つである，「小水力発電モデル施設の整備」として建設を計画した4地点のうちの第1地点です．

　県北西部の3市（北杜市，韮崎市，甲斐市）を供給エリアとする峡北地域広域水道企業団の施設のうち，塩川ダムから取水している塩川系広域水道（1日最大給水量 17000 m^3）の最上流に位置する塩川浄水場と須玉第一減圧槽の間に設置し，未利用エネルギーの有効活用を図り，一般電気事業者を通じて地域で使用する電力を供給しています．

仕　様

発電所名：塩川第二発電所
所 在 地：山梨県北杜市須玉町
所 有 者：山梨県企業局
発電の形式／方式：水路式
最大出力〔kW〕：82 kW
最大使用水量〔m³/s〕：0.2 m³/s

運転開始年月日：平成 22（2010）年 4 月 1 日
目　　的：売電

常時出力〔kW〕：32 kW
有効落差〔m〕：63.55 m

取水／放水
取 水 位〔m〕：804.800 m
放 水 位〔m〕：739.000 m

設　備
水　　車：横軸両吸込ポンプ逆転水車，最大出力 100.6 kW，（株）酉島製作所
発 電 機：永久磁石式同期発電機，最大容量 160 kVA，東洋電機製造（株）
制御・連系装置：インバータによる発電機回転数制御・系統連系用コンバータ，
　　　　　　　三相 3 線高圧連系

図 5・2　塩川第二発電所の地形図（25 000 分の 1）

特徴的な施設

　山梨県は地形上，自然流下型の水道供給施設が数多く存在し，高すぎる水圧は減圧弁で調整しています．塩川第二発電所は，この減圧時のエネルギーを発電に利用しています．

　水道施設は，上水の安定供給が最重要の目的であり，発電施設を追加することによって，本来の目的が阻害されてはならないため，既存の施設に対する変更箇所を最小限にとどめることが必要です．

　本計画では，副管の既設フランジを利用し，その間において発電に必要な施

05 塩川第二発電所

設を導入することで，既設施設への影響を最小化することとしたため，施工可能な管路延長は3.11mに限定されました．この限られた施工延長内で，水車および入口弁を設置し，かつ，浄水に対する水質影響を最小限に抑えるため，水道水の圧送用として実績のあるポンプを逆転させることで水車とすることとしました．

この結果，水車自体は施工延長内に収まったものの，フランシス水車などの発電用水車には通常設置されるステーベーンおよびガイドベーンを構造的にもた

図5・3 水車発電機設置前の状況（手前側の管は，奥側の電動減圧弁点検時に流水を確保するための副管であり，この管に入口弁および水車を設置した）

図5・4 水車発電機設置後の状況（副管を常時使用する系統としたため，本来の減圧弁は常時全閉となっており，発電機器の障害時に開動作を行うこととした）

ないため,流量調節および部分負荷効率に対策が必要となりました.

　この流量調節と部分負荷効率の問題を同時に解決するために,水車と直結する発電機をインバータで制御することにより,可変速として解決を図りました.具体的には,ポンプがもつ回転数ごとの固有の揚程と流量を発電に活用し,発電機の回転数を必要に応じて変化させることで,ポンプの性質を変化させ,内部を通過できる水量を調節する仕組みとなっています.

図 5・5　配電盤等の状況（高圧連系であるが,水車の調速のためにインバータを用いているため,電力は連系用コンバータにて系統連系している.このための盤が一番奥に設置されている）

図 5・6　水車発電機の搬入（水車発電機は工場にて一体的に製作し,現場での調整を最小限にとどめた）

この流量調節と，配水池の水位の有効利用によって，浄水場から流下する流水の全量を発電に使用することが可能となり，高い収益性を確保することが可能となりました．

　系統連系用コンバータを用いた系統連系のメリットとして，必要なリレーをほぼコンバータがカバーしたことによる費用の低減および低圧連系時に必要となる逆変換装置を利用していることから小規模システムに応用が利くことなどが上げられます．

　水車に使用したポンプは汎用性が高い製品であり，揚程と流量が幅広くラインアップされていることから，専用設計の水車と比較しても遜色がない最大出力を達成できたほか，軸受けが完全に流水と隔てられているため水質面も安心できる発電所となりました．

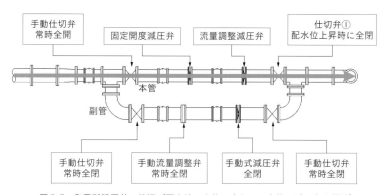

図5·7　発電所設置前の状況（配水池の水位に応じて，本管の減圧弁を開閉）

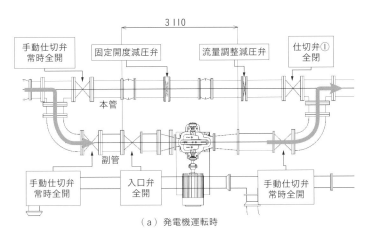

（a）発電機運転時

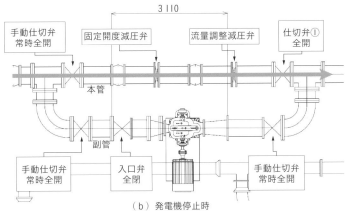

（b）発電機停止時

図5・8 発電所設置後の状況（発電所設置後は常時副管を使用し，発電機停止時のみ本管を使用する）

06 家中川小水力市民発電所（元気くん1〜3号）

らせん／開放水車／地域振興

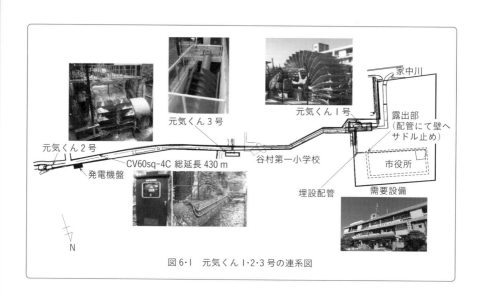

図6・1 元気くん1・2・3号の連系図

沿　革

　都留市の中心市街地を流れる家中川には，明治38（1905）年に「三の丸発電所」が建設され，昭和28（1953）年まで稼働していました．平成15（2003）年2月，「都留市地域新エネルギービジョン」が策定され，太陽光，水力などの再生可能エネルギーを活用した重点プロジェクトとして，家中川などの小河川を活用したマイクロ水力発電が位置付けられました．

　平成16（2004）年度，都留市は，市制50周年記念事業として，水のまち都留市のシンボルとして，また，本市において利用可能なエネルギーの中で，最も期待される小水力発電の普及・啓発を図ることを目的に，木製下掛け水車方式による小水力発電所「元気くん1号」を市民参画の手法として住民参加型ミニ公募債「つるのおんがえし債」を導入し整備しました．設置場所は市役所庁舎前を流れる家中川，発電した電気は市役所庁舎に供給し，余剰分は東京電力に売電することとしました．

　その後，平成22（2010）年5月に上掛け水車の「元気くん2号」，同24年3

仕　様

発電所名：家中川小水力市民発電所
所 有 者：山梨県都留市　　　　　　　目　　的：小水力発電の普及・啓発
発電の形式／方式：水路式・流込式
河川名／水系名（級別）：家中川／相模川水系（準用河川）
流域面積〔km²〕：0.12 km²

●元気くん1号
所 在 地：都留市上谷一丁目1番1号　　運転開始日：平成18（2006）年4月6日
最大出力〔kW〕：20 kW　　　　　　　 常時出力〔kW〕：8.8 kW
最大使用水量〔m³/s〕：2.0 m³/s　　　　有効落差〔m〕：2.0 m

▌取水／放水
取 水 位〔m〕：481.24 m　　　　　　　放 水 位〔m〕：479.19 m

▌設　備
水　　　車：開放型下掛け水車，最大出力23 kW，ハイドロワット社（ドイツ）
発 電 機：横軸永久磁石式同期発電機，容量22 kW，東洋電機製造(株)
制御・連系装置：発電機用インバータ，系統連系用インバータ，単独運転検出装置（無効電
　　　　　　　圧正帰還方式・電圧位相跳躍検出方式），除塵制御（タイマ）および「非
　　　　　　　常停止」「警報停止」のための制水ゲート開閉制御盤

●元気くん2号
所 在 地：都留市中央一丁目1番3号　　運転開始日：平成22（2010）年5月24日
最大出力〔kW〕：19 kW　　　　　　　 常時出力〔kW〕：2.8 kW
最大使用水量〔m³/s〕：0.99 m³/s　　　 有効落差〔m〕：3.5 m

▌取水／放水
取 水 位〔m〕：473.30 m　　　　　　　放 水 位〔m〕：469.64 m

▌設　備
水　　　車：開放型上掛け水車，最大出力19 kW，ハイドロワット社（ドイツ）
発 電 機：かご型三相誘導発電機，容量22 kW，エイビービー（ABB）社（スイス）
制御・連系装置：「非常停止」「警報停止」用ドレインゲート開放制御盤，単独運転検出装置
　　　　　　　（無効電力補填方式・周波数変化率方式）

●元気くん3号
所 在 地：都留市中央一丁目1番　　　　運転開始日：平成24（2012）年3月2日
最大出力〔kW〕：7.3 kW　　　　　　　 常時出力〔kW〕：1.5 kW
最大使用水量〔m³/s〕：0.99 m³/s　　　 有効落差〔m〕：1.0 m

▌取水／放水
取 水 位〔m〕：479.8 m　　　　　　　 放 水 位〔m〕：478.8 m

▌設　備
水　　　車：開放型らせん水車，最大出力7.3 kW，リハート社（ドイツ）
発 電 機：かご型三相誘導発電機，容量7.5 kW，ブイ・イー・エム（VEM）社（ドイツ）
制御・連系装置：元気くん1号との除塵連動制御および「非常停止」「警報停止」用制水ゲー
　　　　　　　ト開閉制御盤，単独運転検出装置（2号との併用）

06 家中川小水力市民発電所

月にらせん水車の「元気くん3号」を元気くん1号の下流に設置し，市役所庁舎に電力を供給しています．現在，市役所庁舎の電気使用量の6割以上は，元気くん1・2・3号の発電した電力で賄っています．また，都留市は全国の小水力発電のまちの先進地として脚光を浴びています．

図6·2　開放型木製下掛け水車「元気くん1号」（市役所庁舎の自家発電設備として設置）

図6·3　開放型下掛け水車「元気くん2号」（水車を停止させるためのドレインゲート）

図6·4　開放型らせん水車「元気くん3号」（発電用バイパス水路を建設しらせん水車を設置）

配慮や工夫，特徴的な施設

(1) 水利権への対応

　家中川は，相模川水系の東京電力が水利権をもつ桂川（一級河川）から取水する準用河川で，東京電力と都留市の間で締結されている協定に基づき通水されています．元気くん1号建設に際しては，国土交通省および山梨県治水課との事前協議に基づき，家中川の年間流量調査等を実施し，河川法に準拠した関係書類を添えて，河川管理者である都留市長宛てに申請手続きを行い，許可を得ています．

(2) 住民参加型ミニ公募債「つるのおんがえし債」導入

　元気くん1号を建設した平成16・17年度においては，NEDO（独立行政法人新エネルギー・産業技術総合開発機構）の中小水力発電開発費補助金（事業費の2割）があるのみで，「電気事業者による新エネルギー等の利用に関する特別措置法」第9条に定められた新エネルギー等発電設備の認定を受けることによる加算分1割を加えても補助率3割が限度でありました．都留市では，さらに新型除塵システムを考案し，水力発電施設の設置に係わる新技術導入事業（対象経費の5割）の採択を得ることで合計15 166 000円の補助を受けました．また，元気くん1号建設に際して，最も注目されたのが市民参画により市民発電所の建設を推進するため導入した市民公募債「つるのおんがえし債」です．市民から17 000 000円を調達し，建設費（43 374 450円）に充当しました．

　元気くん2号は，NEDO（平成22（2010）年度よりNEPC・一般社団法人新エネルギー導入促進協議会に移行）の補助金（補助率は事業費の5割）28 538 475円，GIACの補助金3 800 000円とともに市民公募債により23 600 000円を調達し建設費（62 318 550円）に充当しました．

　元気くん3号は，山梨県地域クリーンエネルギー促進事業費補助金（10割）を活用し建設しました．

(3) 新型除塵システムの導入

　家中川は，市街地を流れているためごみの流入が多く，また，元気くん1号は市役所庁舎前の最も人目に触れる場所に設置するため，除塵の対応が課題となりました．除塵システムは，家中川に沿って開放型木製下掛け水車を設置したバイパスを設け，取水のため，本川にはスライドゲートを，また，バイパスの取水口には，油圧で開閉するスクリーンを設けています．除塵は，このスクリーンでごみと水を分離し，タイマで6時間ごとに本川の水門を開閉し，開いたタイミン

グで，スクリーンに止められたごみとともにスクリーンに絡んだごみを掻き落とし，本川に戻すという方式をとっています．スクリーンは，このとき，油圧により回転し，絡んだごみをレーキで掻き落とす動作が行われ，また，水門が開きスクリーンに絡んだごみを本川に戻すため，バイパスの底部は，一定量の水が逆流するように勾配を付けてあります．

これら，固定レーキと可動スクリーン，ならびに逆洗浄とが一体となった新除塵装置（逆洗浄式新型除塵装置）と，水量の変化にも対応できる可変速下掛け水車発電システムを組み合わせた新しいシステムとして，独立行政法人新エネルギー・産業技術総合開発機構（NEDO）から新技術として認定されました．

元気くん3号は，元気くん1号の下流150mに設置されており，1号と同様に家中川に沿って発電用バイパス水路を設け，開放型らせん水車を設置し，本川に水門を設け，これを開閉させて取水を行っています．スクリーンは固定式であり，除塵サイクルは元気くん1号と連動し，6時間ごとに水門の開閉が行われています．

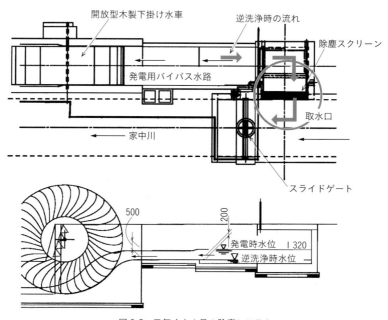

図6・5　元気くん1号の除塵システム

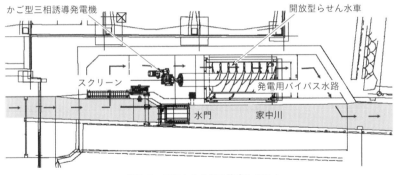

図6・6 元気くん3号の除塵システム

(4) 元気くん2号建設に伴う同一構内としての認定

　元気くん2号は，設置場所が市役所から下流350mほど離れた地点であり，元気くん1号と同様に需要設備となる都留市役所と同一の構内として認定されるかが大きなテーマとなりました．同一構内として認定されない場合は，元気くん2号から市役所への送電は可能であるが，水車のメンテナンス電源は東京電力からの受電設備を設けるか，メンテナンス電源用発電機の設置が不可欠となり，また，余剰電力は直接東京電力への売電となるため，受電方式は高圧受電となり，変電所（キュービクル）の設置が必要となるなど，経費の増大や設置場所の確保などが懸念されました．その打開策として，経済産業省関東経済産業局および東京電力との協議を重ねる中

　① 市の管理する河川でつながっていること（河床は市の所有土地）
　② 河川は市の判断によって止水が可能であるためドライエリアとして管理できること
　③ 発電所と庁舎の距離も近い（350m）

であるため，東京電力から同一構内として認定を受けることになりました．元気くん2・3号は，市役所を需要設備とし，余剰電力は東京電力に売電しています．

06 家中川小水力市民発電所

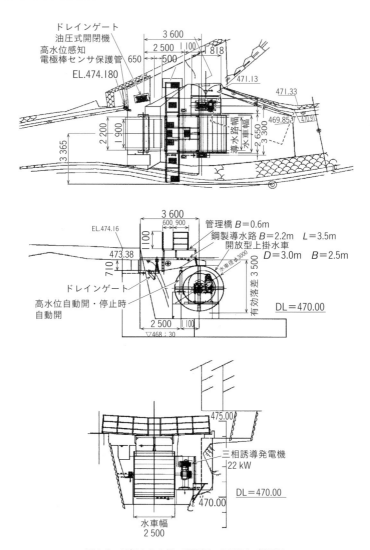

図6・7 元気くん2号の平面図，正面図，側面図

その他

　元気くん1・2・3号の取り組みは,「つるのおんがえし債」導入など市民参画により実施したことなどが評価され,平成18年度「新エネルギー財団会長賞」,同19年度総務省より「地域づくり総務大臣表彰」,環境省主催による「ストップ温暖化『一村一品』大作戦において金賞を受賞し,同20年度NEDOによる「新エネ100選」に選定されています。

07 嵐山保勝会水力発電所

サイフォン／直付け／地域主体

図7・1
渡月橋常設灯60基に電気を供給

沿革

渡月橋は嵐山のランドマークとして親しまれている橋ですが、照明設備を義務付ける法令施行前の昭和9（1934）年に架設され、平成6（1994）〜平成12（2000）年の改修時も景観が重視され照明の設置が見送られたのであります。

京都市は南を除き三方を山で囲まれた盆地であり、嵐山は西の端に位置するので日暮れが早い秋の観光シーズンにもなると午後5時過ぎには暗くなり始めます。そこで嵐山の青年部が来訪者のおもてなしの一

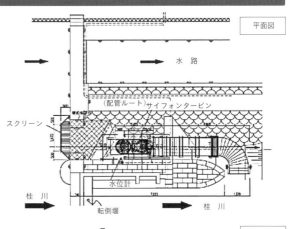
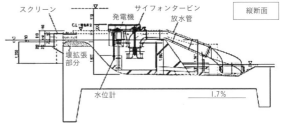

図7・2　平面図，縦断図

仕　様
発電所名：嵐山保勝会水力発電所
所　在　地：京都市右京区嵯峨天龍寺芒ノ馬場町 3-47 地先
運転開始年月：平成 17（2005）年 12 月
所　有　者：合資会社嵐山保勝会水力発電所　　目　　的：渡月橋の常設灯に電気を供給
発電の形式／方式：サイフォン式プロペラ水車
最大出力（kW）：5.5 kW　　　　　　　　最大使用水量（m^3/s）：0.55 m^3/s
有効落差（m）：1.74 m

取水／放水
河川名／水系名（級別）：淀川水系桂川（一級河川）

設　備
水　　　車：サイフォン式プロペラ水車，最大出力 6.3 kW，マーベル社
発　電　機：三相誘導発電機，5.5 kW，シーメンス社
制御・連系装置：低圧連系，逆潮流あり
取水施設：既設農業用取水堰（一の井堰）を流用
導　水　路：既設筏落としの部分を流用
調圧設備／ヘッドタンク：なし（既設堰の調整池を流用）
放　水　路：なし（水車のドラフトチューブにて直接河川に放水）

環として，平成 13（2001）年 11 月に橋を維持管理する京都市に 1ヶ月間の許可を得て路地行灯を 40 個欄干に設置，3 年間続けたのです．この臨時の行灯が観光のお客さんや地元の人にも好評でぜひ常設してほしいという声が上がり，嵐山保勝会が常設灯を設置し市に寄贈したのです．

配慮や工夫，特徴的な施設

　本発電設備は，ポンプ起動方式のサイフォン式水車の採用，一級河川の河川区域内への設置，「低圧連系・逆潮流あり」で逆変換装置を使用しないシステムなど，いずれも国内では初めてという特徴ある設備です．

(1) ポンプ起動方式のサイフォン式水車

　サイフォン式水車は，一般河川や農業用水路に設けられた既設の堰をまたぐかたちで設置できるため，土木工事費を軽減できるという大きな特徴がある一方，水車発電機の起動時に，水車および管路を充水してサイフォン効果を発生させる必要があります．

　一般的に，この充水は真空ポンプ設備などを設けて行われますが，当設備の場合は，起動時に発電機を電動機，水車をポンプとして上流側の水を汲み上げて

管路を充水する方式，すなわちポンプ起動方式を採用しています．また，停止時は水車管路（ドラフトチューブ）の上部に取り付けられた真空遮断弁を開放し，サイフォン効果を喪失させて流水を止める方法としています．

これにより，真空ポンプ設備などの付帯設備が不要となり，設備費用の軽減が図られています．この方式は，ヨーロッパでは広く普及していますが，国内においては初めての事例です．

図7・3 ポンプ起動方式のサイフォン水車発電機

なお，この起動方式は，起動時に系統から電力の供給を受ける必要があるため，系統連系による運用を前提としており，自立運転の運用はできません．

(2) 一級河川の河川区域内への設置

この発電設備は，民間事業者による一級河川の河川区域内への設置が認められた国内初めてのケースです．河川区域への設置の場合，河川法上，洪水時に流下阻害とならないような設備とする必要があるため，洪水時は水車発電機全体を水没させる設計としています．

このため，水車発電機室は水密構造としていますが，発電機冷却用として手動の給気／排気バルブおよび冷却用ファンを設け，通常運転時は給気／排気バルブを開放して冷却用ファンで外気を取り込んでいます．また洪水などの異常水位上昇時は，水車発電機を停止するとともに，給気／排気バルブを全閉し，水車発電機室内への浸水を防止しています．さらに，洪水時の流木等による水車発電機設備の破損を防止するため，設備上流に流木除けを取り付けています．

実際の洪水が発生したケースでは，ニュースなどでも大きく取り上げられた平成25（2013）年9月の台風18号による桂川の氾濫があります．このときは，渡月橋周辺の一帯が大きな浸水被害を受けたが，河川区域内に設置した水車発電

機は完全に水没し、取水部分は土砂や瓦礫に埋まったものの、機器の破損や内部浸水などの被害はありませんでした。しかし、発電機制御盤は、洪水を避けるため河川区域外の高い場所に設置していましたが、想定外の水位上昇により一部が冠水被害を受け、しばらく運転不能となりました。

(3)「低圧連系・逆潮流あり」の系統連系個別協議

発電した電力は、約150m下流の渡月橋の照明に利用され、余剰電力は関西電力に売電しています。照明設備は、AC100VのLED照明灯が60基で、負荷容量の合計は、約1.0kWです。このため、発電設備の運転中は、昼間だけではなく、照明が点灯する夜間においても余剰電力が発生します。

このため、配電線との連系方式は、余剰電力が売電可能な「低圧連系、逆潮流あり」が最適となります。しかし、この場合、現行の電気事業法に基づく「電気設備技術基準とその解釈」および民間基準である「系統連系規程（JEAC-9701）」では、「低圧連系・逆潮流あり」の技術要件として、逆変換装置を適用することが求められています。この理由は、誘導発電機や同期発電機を低圧系統に連系する場合、単独運転を検出する技術が成熟していないということからです。しかし、本設備の場合は発電機を起動時に電動機として使用するため、逆変換装置を使用するシステムの構築が非常に困難であることや、電力会社との個別協議にて低圧系統での誘導発電機の単独運転検出が可能であることが認められれば、逆変換装置を使用しない方式が適用できることから、個別協議を行うことにしました。

この協議結果として、連系の許可を得るまで数ヶ月という長い期間を要することになりましたが、「低圧連系・逆潮流あり」で、逆変換装置を使用しないシステムについて許可を得ることができました。これについても、国内で初めてのケースで、設備費用の軽減も大きく図られました。

その他

平成17年照明普及賞（関西照明技術普及会）
平成23年度第9回京都環境賞（京都市）

連絡先

嵐山保勝会　075-861-0012
http://www.arashiyamahoshokai.com/akari.html

08 農業用水／立軸カプラン水車

百村第一・第二発電所

図8・1 百村第二発電所3号機全景

沿　革

従来から農業水利施設に潜在する遊休落差を利用して発電を行い，国産クリーンエネルギーの開発等に資し，当地域のエネルギーの地産地消を推進してきました．このため，ハイドロバレー計画開発促進調査に基づく事業推進ならびに低落差発電システムの開発に貢献するため，平成16（2004）年4月から平成17（2005）年9月末までの間，当土地改良区連合の管理する当該水路を利用した実証試験を実施しました．その実証試験を踏まえ，平成17年度に4基を導入しました．

1基は農林水産省補助事業，3基はNEDOの助成金により設置しました．農林水産省補助事業により導入した1基は，「新農業水利システム保全対策事業」のセミハード事業により実施しました．この事業は，農業水利システムの保全を図る計画策定（ソフト事業）と施設整備（セミハード事業）を一体的に実施し，農業の構造改革と施設管理の省力化を同時に実現することを目的としており，これらの趣旨に従い導入したものです．

配慮や工夫，特徴的な施設

（1）調査や計画時の工夫・配慮や省力化

約1年半の実証試験を踏まえ導入に至りました．このため，振動等，用水路

仕　様

発電所名：百村第一・第二発電所	所　在　地：栃木県那須塩原市百村地先
運転開始年月：平成18（2006）年4月	所　有　者：那須野ヶ原土地改良区連合
目　　　的：土地改良施設への電力供給等	
発電の形式／方式：水車の形式：開水路低落差用発電（流れ込み式）	
最大出力（kW）：30 kW × 4基	常時出力（kW）：14 kW（1基）
最大使用水量（m³/s）：2.4 m³/s	有効落差（m）：2 m

取水／放水

河川名／水系名（級別）：那珂川水系那珂川／上段幹線用水路
取　水　位（m）：492.07 m　　　　　　放　水　位（m）：490.07 m

設　備

水　　　車：：立軸カプラン水車，最大出力 30 kW，（株）中川水力
発　電　機：立軸誘導発電機，最大容量 47 kVA，日本電産パワーモータ（株），八幡電気精工（株）
制御・連系装置：随時巡回方式（自動通報装置設置）
取水施設：（農業用水路）上段幹線用水路
放　水　路：上段幹線用水路
関連施設の諸元：上段幹線用水路（標準断面形は矩形開渠，標準断面寸法は
　　　　　　　　幅 2.85 m × 高 4.10 m ～ 2.05 m × 高 1.20 m）

に及ぼす影響，溢水被害対策などに加え，発電所内の空冷用ファンの取り付けによる温度上昇対策や利用率向上のための工夫が適正に講じられました．

(2) 水利・取水，発電計画や環境上の課題解決・工夫

　農業用水完全従属型の発電システムです．かんがい用水の水利権水量の範囲内で発電が可能であり，発電時に安定した出力を維持するためには，水路には定常的に水が流れているのが条件となり事前の流量観測は必須です．発電機の設置

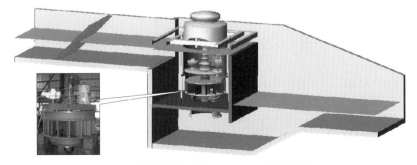

図8・2　開水路落差工用発電システムの構造概念図

場所は，2m以上の落差が必要となります．

(3) 技術的工夫や採用した革新的・特徴的な技術・装置

水車流入への乱れ（渦）対策として整流板を設置することにより水車効率の向上に努めました．長寿命化対策の一環として，4基中1基はベルトレスとし，3基はVベルト→タイミングベルト→平ベルトへの変更により，交換頻度の延伸と消音対策に努めました．

(4) 施工上の工夫や対策

対象地点は畑かん用水を配水する用水路であり通年通水地点です．このため，設置に際しての断水時間は1週間程度で施工完了となるよう，現地施工部分を極力少なくしました．

(5) コスト削減の方策や配慮

用水路の構造変更を行わない範囲で設備を設置する仕組みにより事業費の大幅なコスト削減を図りました．また，4基同時設置により，スケールメリットを確保しました．除塵システムはV字形状スクリーンとし，大幅なコスト削減に努めました．

図8・3　除塵システム／築式（V字形状スクリーンの設置によりコスト削減に貢献）

（a）設置前　　　　　　　　　（b）架台設置

（c）水車発電機による発電

図8・4

(6) 維持管理上の工夫や装置

小さな発電施設こそ,こまめなメンテナンスが必要です.平常時はインターメンテ方式を採用し,監視人件費のコスト削減に努めました.水車直下流ゲートの自動開閉システムを導入し,労力低減に努めました.

(7) 評価された(効果的な)環境対策や地域貢献など

年平均460トンのCO_2削減効果,メンテナンス要員等雇用の創出,全国各界からの視察受入に伴う,低落差用小水力発電システムの啓発活動に貢献しました.

その他

土地改良区連合が管理する小水力発電所は,すべて,自家用発電設備として位置付けられており,発生電力は水利施設の電気料ならびに土地改良施設の維持管理費に充当します.水利施設とはダム・ため池・農業用水路等の,農業用水の遠方監視およびゲート制御施設等であるが,降雨時の地域雨水排水の排除(洪水対策)機能や防火用水など様々な地域の役割を果たし,極めて公共性が高い施設となっています.

また,本発電所の直下流に手動巻き上げ機により操作する分水工は,受益者の高齢化が進み,迅速なゲート操作に支障をきたし,20km離れた土地改良区連合事務所から職員が出向き操作を行ってきました.このため,管理の省力化を図る必要に迫られ,ゲートの自動化に至りました.それに伴う補助電源確保のためにひらめいたのが,直上流の落差工を利用した発電システムを導入することでした.当時,落差2mほどの水力発電設備の導入は,採算性の観点から異論の声が大勢を占めたが,前述のとおり,様々な創意工夫のもと採算性確保に努めました.

平成20年12月とちぎのエコキーパーさがせ!2008 最優秀賞受賞

平成21年2月ストップ温暖化一村一品大作戦全国大会2009/環境大臣「水のエネルギー賞受賞」

平成21年6月:経済産業大臣/新エネ百選選定

連絡先

那須ヶ原土地改良区連合　TEL 0287-36-0632,FAX 0287-37-5334
http://www.nasu-lid.or.jp

09 立軸ペルトン 大町新堰発電所

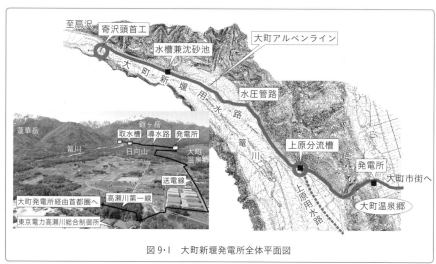

図9・1 大町新堰発電所全体平面図

沿革

　大町新堰(しんせぎ)発電所は、信濃川水系高瀬川の支流籠川から取水する既設の農業用水路(大町新堰用水路)の遊休落差を有効活用し、農業用水に完全従属した最大使用水量 1.12 m³/s, 有効落差 114.74 m, 最大出力 1 000 kW の発電所です. 東京電力では、電力の安定供給および再生可能エネルギーの利用拡大に取り組んでおり、農業用水路を活用した水力発電所の開発は、福沢第一・第二発電所(昭和6(1931)年の営業運転開始当時は富士電力(株)保有)以来 81 年ぶりで、東京電

図9・2 大町新堰発電所の位置図

図9・3 寄沢頭首工

仕　様

発電所名：大町新堰発電所（RPS 法認定設備）
所 在 地：長野県大町市平大町温泉郷　　　運転開始年月：平成 24（2012）年 5 月
所 有 者：東京電力（株）　　　　　　　　目　　的：発電
発電の形式／方式：水路式／流れ込み式
最大出力〔kW〕：1000 kW（かんがい期）、490 kW（非かんがい期）
最大使用水量〔m³/s〕：1.12 m³/s（かんがい期）、0.53 m³/s（非かんがい期）
有効落差〔m〕：114.74 m

取水／放水

河川名／水系名：籠川／信濃川水系（一級河川）
取 水 位〔m〕：EL 967.890 m　　　　　　放 水 位〔m〕：EL 844.573 m（最大時）
流域面積〔km²〕：36.5 km²（寄沢頭首工）

設　備

水　　　車：立軸 4 射ペルトン水車、出力 1123 kW、日本工営（株）
発 電 機：立軸三相誘導発電機、容量 1429 kVA、日本工営（株）
制御・連系装置：随時監視制御方式（高圧連系）
取水設備：寄沢頭首工（チロリアン取水）（大町市土地改良区所有）
水槽兼沈砂池：幅 5.34 m、延長 33.26 m
水圧管路：φ 900 mm（FRPM/ 鋼管（SM400B/STPY））、
　　　　　$L = 2519$ m（FRPM：2044 m、鋼管：475 m）
余 水 路：φ 500 mm（VU）、幅 700 mm（ベンチフリューム）
放 水 路：φ 1000〜1500 mm（FRPM）、$L = 30.34$ m
放流バルブ：コーンスリーブバルブ（φ 300〜550 mm）

力として 164 か所目の水力発電所です．

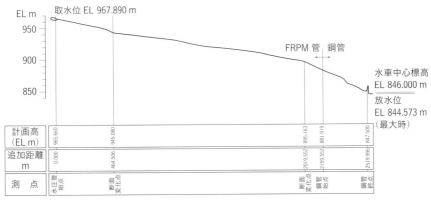

図 9・4　大町新堰発電所水路縦断図

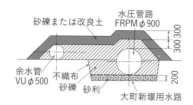

図9・5 水路標準断面図

配慮や工夫,特徴的な施設

(1) 水槽兼沈砂池

本地点は,土砂の流入が非常に多いことから,地形的制約の範囲内で極力大きい沈砂池とするとともに,濁度計を設置して高濁度水の自動排砂を行っています.また,落葉期の大量の枝葉処理のために,目幅1cmのネット式スクリーンを採用しています.これにより,農業用水利用者にとっても土砂・ごみの減少によるメリットが生じています.

(2) 水圧管路(水路ルート)

水路ルートは,既設の農業用水路に沿い全線水圧管路とし,FRPM管(ϕ900mm)を埋設することによる工事費削減を行っています.これにより,工事

(a) 施工前 (b) 施工後

図9・6 水槽兼沈砂池

(a) 施工前 (b) 施工状況 (c) 施工後

図9・7 水圧管路敷設状況

用道路の省略，土工量の削減，用地手配の省力化，維持管理の省力化が図れています．また，工事中も用水路は断水できないため，水圧管路と並行して敷設する水廻し管（余水路）を，交互に転流工として利用して施工しています．

(3) 放流バルブ（発電所停止時）

発電所停止時に下流の農業用水路に水を供給するため，発電所直上流の水圧管路から分岐して放流バルブが設置されています．放流バルブは，放水時の騒音・振動を低減させるため，コーンスリーブバルブ（ϕ300～550mm）を採用し，地中化した減勢槽で水中放流させています．

(4) 水車・発電機

水車・発電機は，農業用水の年間取水量変化に効率よく追随できるように，立軸4射ペルトン水車が採用され，水車ハウジングの上部に発電機を設置することにより，発電機基礎工事の省略を図っています．立軸ペルトン水車については Column ❶を参照してください．

(5) 発電所建屋

発電所地点は，大町温泉郷内の別荘地で風致地区条例の指定地域になっているため，運転時の騒音対策として，建屋開口部のサイレンサ設置，放水口空気層遮断用の垂れ壁設置，放水路開口部からの水音による機械音のマスキングを行うとともに，建屋周囲の植樹や建屋外観・色・高さなどに配慮した景観設計を行っています．

図9・8　大町新堰発電所の外観

図9・9　大町新堰発電所の内観

参考文献

(1) 玉置雅章，臼井正樹：大町新堰発電所新設工事の設計・施工，電力土木，No.363, pp.19-23, 2013.1
(2) 大町新堰発電所，東京電力パンフレット，2012.8
(3) プレスリリース：水力発電所「大町新堰発電所」の運転開始について，東京電力，2012.5.15

10 山宮発電所

円筒型フランシス

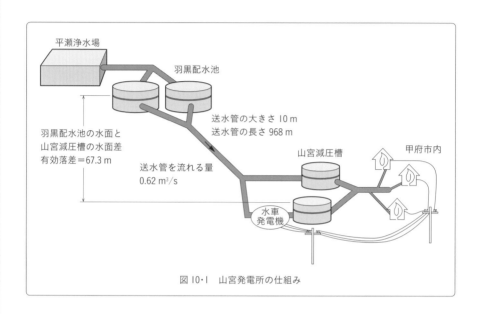

図 10・1　山宮発電所の仕組み

沿　革

　山宮発電所は甲府市上下水道局と民間の共同事業として，平成 21（2009）年 4 月から運転を開始しています．

図 10・2　水車発電機の外観

図 10・3　山宮減圧槽の外観

仕　様

発電所名：山宮発電所
所 在 地：山梨県甲府市山宮町 3352-4　山宮減圧槽内
運転開始年月：平成 21 (2009) 年 4 月　　　所 有 者：東京発電(株)
目　　的：売電
発電の形式／方式：マイクロ式／流れ込み式
最大出力〔kW〕：180 kW
常時出力〔kW〕：151 kW
有効落差〔m〕：42.49 m
取 水 量〔m^3/s〕：0.62 m^3/s

設　備
水　　車：横軸円筒型ケーシングフランシス，最大出力 196 kW，田中水力(株)
発電機：三相誘導発電機，最大出力 180 kW，安川電機(株)
制御・連系装置：屋外キュービクル，6.6 kV 高圧連系盤
水 圧 管：入口弁 500 A　　　　　　放 水 路：出口弁 350 A

甲府市上下水道局の平瀬浄水場で浄水された水の一部は羽黒配水池に導水され，その後山宮減圧槽で圧力調整し，甲府市内に配水されています．山宮発電所は山宮減圧槽の手前に水車発電機を設置し，羽黒配水池との間の水圧と流量を活用して発電しています．また，発電した電力は全量を FIT 制度（再生可能エネルギー固定価格買取制度）にて売電しています．

配慮や工夫，特徴的な施設

(1) 未利用エネルギーの活用

マイクロ水力発電の最大の特徴は「既に存在する水」のもつ「未利用エネルギー」を利活用することであり，「今ある設備に後から発電設備を付け足す」ことを指します．既設設備を有効利用するマイクロ水力発電は，河川に小水力発電を設置するよりも，資機材代や工事代が少ないため「ローコスト」となります．

(2) 減圧槽への高低差を利用した発電

山宮発電所は浄水場から配水池へ自然流下させるシステムの発展ケースとなっており，配水池から減圧槽への高低差を利用して発電しています．減圧槽の下流側に甲府市内の水需要が直接つながっているので，住民の方々がひねる蛇口開度の影響を直接受け，朝や夕方の時間帯など洗濯や炊事の時間には水道の利用量が多くなるため，発電所の出力が大きくなるという現象が起きます．

山宮発電所は他の地点で実現しているような流用調整弁にバイパスするような形ではなく，フロート式で水位調整制御を行う減圧水槽の入口配管 2 本のうちの 1 本に置き換わる形で水車を設置しています．

既設ではその高低差のエネルギーを減圧水槽に貯水することで分散させていたが，その未利用エネルギーを発電に活用しており，他で類を見ない構成となっています．

(3) 円筒型フランシス水車の導入

円筒型フランシス水車は，設置スペースの確保を課題として開発した水車です．従来はフランシス水車と呼ばれる型式の水車で，導水する部位（ケーシング）の構造が渦巻き型，入口と出口における配管の角度差が 90°と，スペースを必要とするタイプの水車でした．この課題を解消するため，30 m 以上の高落差地点に適用できるタイプの水車として東京発電(株)と田中水力(株)で共同開発したものが円筒型フランシスです．この水車の開発により配管の取り回しが容易になり，据付コストの低減に寄与しています．

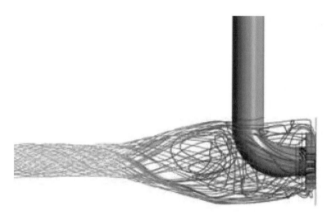

図 10・4　円筒型フランシス水車の解析図

(4) 系統連系盤の小型化

発電した電気を利用するには，水車・発電機の保護制御装置，電圧を配電線と合わせるために昇圧する変圧器，配電線と接続するための開閉器，さらには監視のための通信装置などが必要となります．東京発電では"系統連系盤"と称し，これらの機器装置の一切を一つの盤に収納しています．

すべての装置を同一の盤に収納するため，一般には保護制御装置と変圧器や開閉器を別の盤に分離するが，本系統連系盤は盤面数を削減したことにより空きスペースの有効利用，コスト低減が図れました．

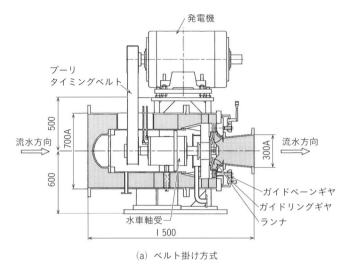

図10・5 円筒型フランシス水車

10 山宮発電所

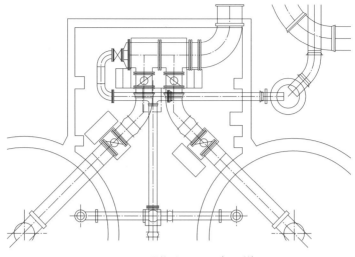

図 10・6　発電箇所の平面図（設置前）

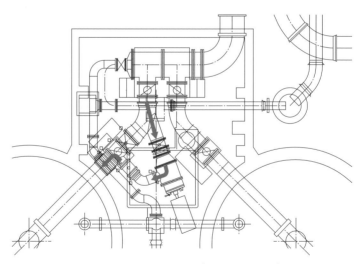

図 10・7　発電箇所の平面図（設置後と水の流れ）

その他

　山宮発電所は年間約 900 000 kWh を発電し，毎年およそ 382 トンの二酸化炭素の削減に貢献しています．

Column ❶ 高落差の経済性を追求する（立軸・多ノズルペルトン水車）

小水力開発では，一般的に落差と流量のバランスの良い地点で，経済性が良くなる傾向があります．すなわち，水車ではフランシス水車の領域にあたります．これが，フランシス水車が世界中で最も利用されている理由のひとつでもあります．

しかし，小水力発電が盛んな欧州などにおいては，このような領域はすでに開発し尽され，近年においては，落差と流量がアンバランスな地点，すなわち，高落差で小流量の地点（ペルトン水車の領域），および低落差で大流量の地点（軸流水車の領域）に移行していますが，このような地点でいかに経済性を高めるかが，水車発電機器の開発の目指す方向となっています．

このうち，高落差で小流量の領域において，欧州では複数ノズルの立軸ペルトン水車が開発され，計画地点の水理諸元（落差，流量等）に応じて横軸ペルトン水車との使い分けが一般的になっています．ちなみに，国内のペルトン水車では，「大中水力用は立軸，小水力用は横軸」という考え方が定着している状況です．横軸の場合は，水車の構造上，ノズル数は通常2ノズル（最大は3ノズル）までですが，立軸の場合は，最大6ノズルまで増やすことが可能となります．

立軸ペルトン水車の大きな特徴としては，比較的流量の多い場合は，ノズル数を増やすことで，ランナ径を小さくして回転速度を上げられることです．これにより，水車と発電機の小型軽量化が図られ，経済性を高めることができます．

小水力向けの立軸ペルトン水車の普及状況としては，欧州の水車メーカ製のもの（図①）が，国際市場をほぼ独占していますが，国内の水車メーカでも近年，小水力向けの立軸ペルトン水車を開発し，国内数か所に納入済です．

この導入事例として，東京電力(株)大町新堰発電所があります．既設農業用水路の未利用落差を利用した発電所で，この概要と写真（図②）を以下に示します．

図①　欧州製立軸ペルトン水車
（写真提供：(株)イズミ）

10　山宮発電所

仕　様
所 在 地：長野県大町市平温泉郷内 有効落差：114.74 m 最大使用水量：1.12 m³/s 最大出力：1000 kW 水　　車：立軸4射ペルトン水車 発 電 機：三相誘導発電機 製 造 者：日本工営（株） 運転開始：平成26（2014）年5月

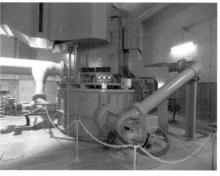

図②　立軸4射ペルトン水車・発電機（筆者撮影）

　また，現在，以下に示す2地点において，複数ノズルの立軸ペルトン水車を適用した建設計画が進行中です．いずれも，農業用水路の未利用落差を利用するもので，平成27（2015）年から工事が開始される予定です．

仕　様
所 在 地：岐阜県郡上市石徹白地区 事 業 者：石徹白農業用水農業協同組合 有効落差：105 m 最大使用水量：0.143 m³/s 最大出力：114 kW 水車発電機：立軸6射ペルトン水車，三相誘導発電機

仕　様
所 在 地：徳島県名東郡佐那河内村新府能地区 事 業 者：佐那河内村 有効落差：129 m 最大使用水量：0.044 m³/s 最大出力：45 kW 水車発電機：立軸6射ペルトン水車、三相誘導発電機

　これらの水車発電機の製造者は，いずれも欧州水車メーカで，国内の代理店を通じて納入されます．国内には，まだこのような比較的小規模（数十〜200 kW程度），およびペルトン水車の領域で，経済性に優れた水車がまだないという事情もあります．
　今後，国内の小水力開発は，欧州と同様に，山間部などの高落差で小流量の地点の開発が増加していくと見込まれますが，より普及を促すうえで，国内でもこのような経済性の高い水車の登場を望みたいところです．

第3章
取水／レイアウト

　どこで取水しどのように導水するのか，どのような水を使うのかを考えることは，小水力発電を構想するときの最初の一里塚といってもよいでしょう．取水地点の流況や形状，使用できる水量とその変動，発電所までの経路の地形地質などは，取水施設，水路，その他様々な付帯施設の仕様や整備コストに大きく影響します．
　しかし，思いがけないルートの選定や補給水を確保するなどの発想で，導水施設のコストが高すぎる，流量が少ないなどの理由から採算性が確保できないと考えられていた発電所の建設が実現に向けて具体化するかもしれません．ここでは，なかなか大胆なスケッチが描けないと思われがちな取水やルート選定の数少ない事例をとりあげました．

11 大平発電所

2点取水

図11・1　発電所全景

沿革

　大平発電所は，住友共同電力の高薮発電所（14 300 kW）の支流にある既存の小北川取水路の落差を有効利用した小水力発電所で，平成25（2013）年7月に建設工事に着手し，翌年6月に完成しました．小北川取水（0.36 m³/s）に加え，志遊美谷川にも新たにえん堤・取水設備を設け（0.43 m³/s），両者の合流地点に

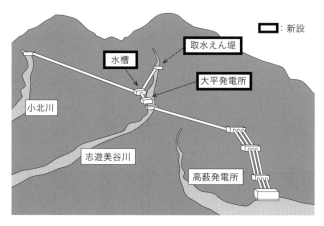

図11・2　概要模式図

仕　様

発電所名：大平発電所
所 在 地：高知県土佐郡大川村
所 有 者：住友共同電力(株)
発電の形式／方式：マイクロ式／流れ込み式
最大出力〔kW〕：150 kW
有効落差〔m〕：28.52 m
運転開始年月：平成 26（2014）年 6 月
目　　的：売電
常時出力〔kW〕：19 kW
取 水 量〔m^3/s〕：0.79 m^3/s

取水／放水

河川名／水系名（級別）：志遊美谷川および小北川／吉野川水系（一級河川）
流域面積〔km^2〕：10.7 km^2

設　備

水　　　車：横軸円筒型クロスフロー水車，最大出力 172 kW，田中水力(株)
発 電 機：三相誘導発電機，最大出力 150 kW，田中水力(株)
制御・連系装置：高圧連系，随時監視制御方式
取水施設：有
導 水 路：有
水 圧 管：入口弁 600 A

新たに設置した水槽より水圧管路を経て新設の小水力発電設備に導水し発電を行います．

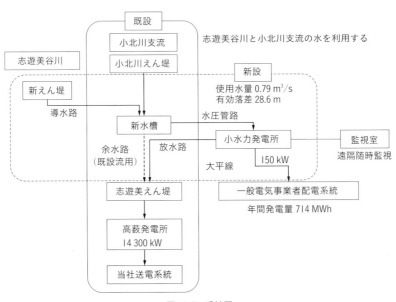

図 11・3　系統図

11 大平発電所

　住友共同電力の水力発電設備は，愛媛県および高知県に11事業所，合計出力79 831 kWを有しております．現有のもので一番古い発電所は大正14（1925）年に建設され，また一番新しいものはオイルショックへの対応として昭和57（1982）年に建設されたものがあるが，それ以降は新たな水力発電所の開発案件がありませんでした．しかし，平成24（2012）年7月に始まった"再生可能エネルギーの固定価格買取制度（FIT制度）"を活用することで事業性が成り立ち，大平発電所の建設が決定されました．

配慮や工夫，特徴的な施設

　水圧管には鉄管に代わりFRPM管を採用し，導水管にはポリエチレン配管を使用しました．水車はクロスフロー水車，発電機は誘導タイプを採用し，コストダウンを図っています．

　単独の取水設備からの水量と落差を利用した小水力発電設備ではなく，発電所の上流に新たに取水ダムを設け，導水管を介して既存の水路と水槽で合流させることで取水量を倍増させ，より大きな発電出力を得ることができ，既設設備を余水路として有効利用することで，建設費を抑えることができました．

表11・1　導水路の仕様

取水口名	小北川取水口（既設）	志遊美川取水口（新設）
延長〔m〕	340	160
材料	コンクリート製	構造ポリエチレン管
寸法〔mm〕	520 × 460（開渠部）	φ400
勾配	1/200	2.7~19.4 %
計画流量〔m³/s〕	0.36	0.43

図11・4　志遊美取水設備

図11・5　小北川取水口

図 11・6　発電設備（発電機と水車）

連絡先

住友共同電力(株)　http://www.sumikyo.co.jp/
住友共同電力(株)　総務環境部　TEL：0897-37-2142　FAX：0897-32-9862

12 馬路村小水力発電所

取水／レイアウト／ルート

総落差：96.66 m
有効落差：91.28 m，水量 0.2 m³/s
最大発電力：137 kW

図12・1 圧力管ルートと発電所写真
（馬路村細井谷案件）

沿革

　平成24（2012）年10月，馬路村教育長（当時）岡田元生氏から高知小水力利用推進協議会に安田川水系の法定外河川，細井谷での小水力発電の可能性を調べてほしいとの依頼があり，高知小水協のメンバーが馬路村を訪問しました．岡田氏は，馬路村のすべての河川の流域面積を割出し，可能性を探っていたのです．その後，高知小水協の有志により設立された地域小水力発電(株)が，平成24（2012）年度資源エネルギー庁のFS調査を受託し，馬路村細井谷を調査地点の一つに選び，調査を実施しました．翌年3月，調査結果を馬路村に提示しました．
　平成25（2013）年7月，馬路村から地域小水力発電(株)が設計業務を受託
　平成26（2014）年7月，馬路村小水力発電計画の水車・発電機を(株)三井三池製作所が落札
　平成26（2014）年9月，土木工事を湯浅建設（株）が落札
　平成26（2014）年10月，着工
　平成27（2015）年10月，運転開始予定

仕　様

発電所名：馬路村小水力発電所
所 在 地：高知県安芸郡馬路村馬路〜安田町瀬切
運転開始年月：平成27（2015）年10月1日（予定）　　　　所 有 者：馬路村
目　　的：売電
発電の形式／方式：水路式
最大出力〔kW〕：137.5 kW　　　　最大使用水量〔m³/s〕：0.2 m³/s
有効落差〔m〕：91.28 m

取水／放水

河川名／水系名（級別）：二級河川安田川水系細井谷（法定外河川）
取 水 位〔m〕：308.00 m　　　　放 水 位〔m〕：211.34 m
流域面積〔km²〕：2.1 km²

設　備

水　　車：横軸フランシス水車，最大出力145.27 kW，（株）三井三池製作所
発 電 機：横軸三相誘導発電機，最大容量142.8 kVA，（株）三井三池製作所
取水施設：滝壺横取り取水　　　　導 水 路：開渠（落し蓋式U字側溝）
調圧設備／ヘッドタンク：沈砂池を兼ねたヘッドタンク
水 圧 管：鋼管　内径300 mm，144.73 m
放 水 路：落し蓋式U字側溝12.77 m

☀ 配慮や工夫，特徴的な施設

　馬路村小水力発電が計画されている山全体が馬路村の所有です．しかし，発電所の位置は市町村区分では安田町の領域です．取水点は馬路村内にあり，沈砂池兼ヘッドタンクが町村の境界線上に位置することになります．水圧管の設置場所も安田町の領域です．

　取水候補地点から馬路村・安田町の境界線である稜線を越え，安田川本川に放流する計画です．このルートなら導水距離は60 mと短くなり，経済性が高くなることが想定され，このルートが最有力となりました．その計画では法定外河川である細井谷の水を法河川である安田川に流すこととなり，合流点から発電所までの約250 mが減水区間となります．高知県土木部河川課は，二級河川である安田川に減水区間が生じる計画を平成24（2012）年度末まで認めず，河川協議に入ることすらできませんでした．ところが，平成25（2013）年度に入り，国交省からの規制緩和により，河川協議が可能となり，その結果，安田川本川への放流が認められることとなりました．

　流況を算出するための流量データは，馬路村役場下にある電源開発の安田川

12 馬路村小水力発電所

図12・2 馬路村小水力発電計画

図12・3 安田川と細井谷の合流点

図12・4 流量調査

測水所データを用いました．測水所の集水面積は53.9km²であり，合流点から上流の集水面積は64.3m²であり，細井谷の集水面積2.1km²と比べると広すぎて比流量換算をするのに適当ではありませんでしたが，同一水系の流量データはこの測水所しかなくこれを用いました．

面積が大きく異なるデータを用いたため，流量計測による実測値を用いて流況曲線の検証を行いました．

細井谷は流量の変動が大きく，当初は，幅広い水量に適応するペルトン水車が有力でした．ペルトン水車の場合は，渇水による発電停止期間は30日ほどと

予想されました．しかし，ペルトン水車のほうがコスト高であり，フランシス水車を採用した場合，吸出し落差も有効落差に加えることができるため，最大出力が増し，総発電量は，ペルトン水車の場合とほぼ同じという結果となりました．フランシス水車の場合は，60～90日ほど渇水による発電停止期間が生じますが，馬路村はコストダウンが図れるフランシス水車を採用しました．

取水堰は当初は，重力式コンクリートが採用されていましたが，コストダウンの観点からも，環境配慮の観点からも，自然地形を利用した取水方法が求められ，村との協議の結果，滝壺を土間コンクリートで補強しての横取り取水を採用しました．経済産業省四国局の産業保安監督部に連絡し，電気事業法上も設備認

図12・5　取水点の滝

図12・6　取水地点の滝壺で取水ゲート設置地点

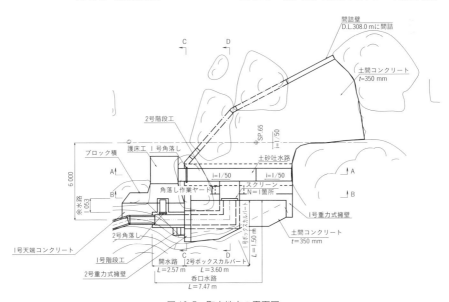

図12・7　取水地点の平面図

12 馬路村小水力発電所

定上も問題がないことを確認しました.

施工上の特徴は,アクセス道路がないという点です.通常であれば施工不可能となる地点と判断される場合もあるのが,この細井谷です.山深い高知県の中でも特に馬路村では,林業や砂防えん堤の工事などで索道を張って資材を運び,施工するということが通常なのです.この細井谷発電計画でも索道を用いて,重機,資材を運び,施工することとなります.

また,生物調査を実施し,細井谷の生物相を確認しました.発電開始後,再び,同じ生物調査事務所に調査を依頼し,生物相の変化を確認する予定です.

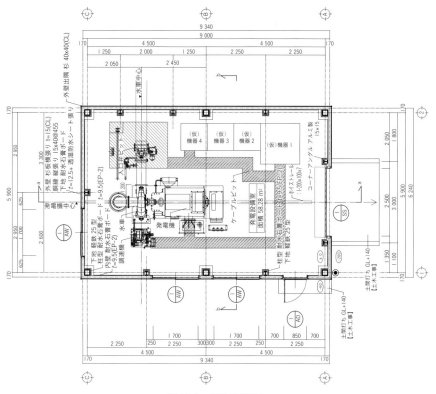

図12・8 建屋の平面図

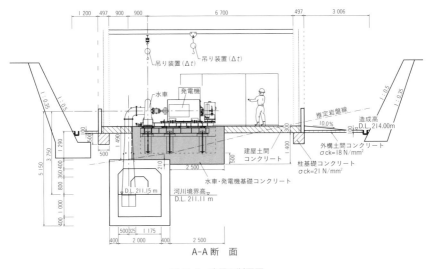

図 12・9　建屋の断面図

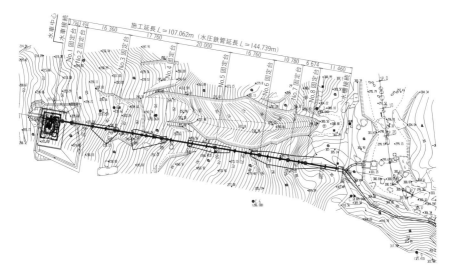

図 12・10　水圧鉄管平面図

12 馬路村小水力発電所

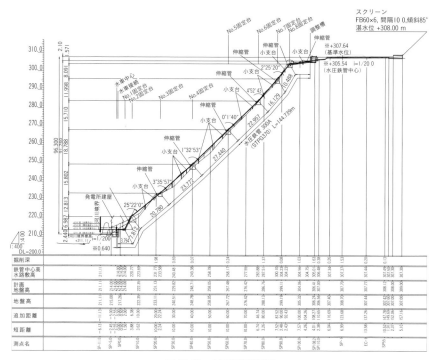

図 12・11　水圧鉄管縦断図

Column ❷ 低落差も使い尽くすヨーロッパの挑戦

ヨーロッパ中部では流れが緩やかな河川が多いため，古くから低落差の水力利用が盛んです．ライン川やドナウ川にはたくさんの閘門や水門があります．閘門などでつくられる上下流の水位差は5～10m程度であるが，この水位差を活用してほとんどの閘門に水力発電所が整備されています．しかし，このような低落差を活用する水力発電もそろそろ限界に近づいています．そこで，ヨーロッパでは，さらに水位差がない堰や閘門などに発電所を設置する超低落差の水力発電が試みられるようになってきました．ここでは，その一例としてチェコ共和国北部ウースチー州にある低落差大流量のロヴォシツェ-ピースチャニⅠ水力発電所を紹介します．

ロヴォシツェ-ピースチャニⅠ水力発電所の概要は表①のとおりで，使用流量が多く，2m以下の低落差であることを特徴としています．

表① ロヴォシツェ-ピースチャニⅠ発電所の概要

最大出力	2 648 kW（水車出力）
最大流量	160 m³/s
有効落差	1.9 m
河川名	ラベ川（ドイツ名 エルベ川）
水車型式	ピット形チューブラ水車 チェコ・マーベル社 KP3000K3 ガイドベーン，ランナベーン可動型
水車・発電機台数	4
運転開始時期	2010年9月

図① 発電所全景

大流量の発電所は流量が多いため，水車や流路などの設備は規模が大きくなり，設備コストが大きくなりがちです．一方で，1.9mという落差から得られる出力は，理論値で3 000kW弱に過ぎません．そのため，大流量・超低落差の発電所は，経済性が悪くなります．そこで，この発電所は経済性を確保するために，以下のような

設計,水車選定を行って実現することができました.

■ 低コスト設計

- 既設の堰の筏通し部に建設したため,土木工事は発電所周辺のみで,導水路や水圧管工事はありません.
- 水車,発電機はマーベル社のピット形チューブラ水車が採用されました.流路やドラフトチューブのほとんどをコンクリートで形成するため,水車設備の費用が低く抑えられています.
- 河床の掘削にはコストがかかるため,水車のランナ径(掘削する深さに影響する)と水車の台数(発電所の幅に影響する)を最適に設計することが重要でした.厳密な最適設計に基づいて,ランナ径3mの水車を4台設置することになりました.

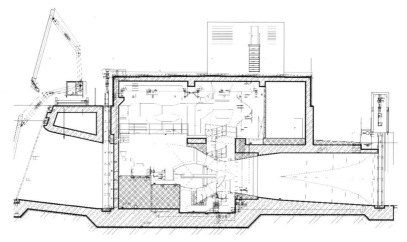

図② 発電所縦断面図

■ 水車選定

発電所建設費用のコストダウンを図るとともに,使用流量と落差で十分な効率が得られる水車の採用も重要なポイントです.当発電所では,ガイドベーンとランナベーンが可動式のピット形チューブラ水車を採用することで,十分な効率を確保しました.なお,試験・運用を通して,この水車は落差が1.5mでも実用的な効率で運転できることが確認されています.

図③ ガイドベーンリングおよびディスチャージリング部

第4章 余剰圧利用

　温暖化防止，省エネなどの取り組みの重要性が指摘されるようになってから，電気を使って利便性を高めることを最優先としていた水道やかんがいなどの給水システム整備の方向が少し変わりました．システムの中にある余剰圧を探し出して，積極的に発電に利用する取り組みが，特に水道を管理する自治体で増加してきました．

　このため，事例を収集すると自治体水道局の施設内に整備された小水力発電所がたくさん集まります．多くの事例は，未利用のエネルギーを回収するという点で高く評価できます．しかし，給水システムはエネルギー消費を伴うとともに，エネルギー生産にも利用できることをしっかり理解して，エネルギー的により合理的な給水システムを実現することが望まれます．

13 小貝川水力発電所

余剰水圧／エネ回収／コンパクト

図13・1 小貝川水力発電所全景
（○囲み部分が発電所）

沿革

　霞ヶ浦用水事業は，霞ヶ浦開発事業で開発された霞ヶ浦を水源として茨城県西南部17市町に農業用水，水道用水および工業用水を供給しています．主要基幹線施設は水資源開発公団（現水資源機構）が建設し，建設着手から15年の歳月を経た平成6(1994)年3月に完成し，同年4月から水資源機構が管理業務を行っています．

　一方，水資源機構では地球温暖化対策および管理費削減という観点から，機構が所有・管理する水利施設を活用する小水力発電の可能性を各地で検討してきました．その結果，固定価格買取制度（FIT制度）導入以前の環境で妥当と評価された開発地点は数地点に限られました．小貝川水力発電設備はそのような数少ない開発地点の一つで，既存施設を有効活用することで採算性も十分にあると評価されました．

　茨城県西南部への用水は，霞ヶ浦揚水機場から筑波山の麓までポンプにより汲み上げられ，筑波トンネルを自然流下して南椎尾調整池に到達し，その先は自然圧のパイプラインで配水され，その一部が小貝川へ注水されています．この河

仕　様

発電所名：小貝川水力発電所
所 在 地：茨城県筑西市辻地内
運転開始年月：平成23（2011）年5月
所 有 者：独立行政法人 水資源機構 霞ヶ浦用水管理所
目　　的：管理費の縮減および環境対策
発電の形式／方式：横軸フランシス水車
最大出力（kW）：105 kW
常時出力（kW）：80 kW
最大使用水量（m³/s）：0.769 m³/s
有効落差（m）：最大約17 m

取水／放水

小貝川下流で取水するため、小貝川への注水
河川名／水系名（級別）：小貝川（一級河川）

設　備

水　　車：横軸フランシス水車、田中水力(株)
発 電 機：横軸かご型三相誘導発電機、最大出力105 kW、田中水力(株)
導 水 路：分岐管 φ700 mm
関連施設の諸元：南椎尾調整池、有効貯水量522千 m³

　川注水という形態に着目し、注水時の余剰圧を発電に利用できるのではないかと考え検討が進められてきました。その結果、発電可能な落差が確保できること、利用できる水量（小貝川への注水量）が年間を通してほぼ一定であることから安定的かつ効率的な発電が可能であると判断し、温室効果ガス排出削減に資するクリーンエネルギーを生産する設備としての設置が決定され、経済産業省の「地域新エネルギー等促進事業」の補助を受けて、発電設備を設置することとなりました。

　水車・発電機等の製作・据付や発電機室等の工事については、平成22（2010）年4月から着手、平成23（2011）年2月に完成し、法令に基づく手続き、調整が完了する4月から供用開始する予定でしたが、東日本大震災の影響で5月1

図 13・2　霞ヶ浦揚水機場の全景

13 小貝川水力発電所

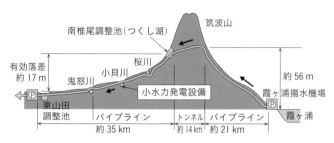

図 13・3 小貝川水力発電所の断面図

日からの運用開始となりました．

　小貝川水力発電設備は，霞ヶ浦用水施設の本管から分岐して小貝川へ注水する途中に設置されています．小貝川への注水は，工業用水を供給するためのもので，年間を通じた注水が求められ工事による断水ができないことから，設置にあたっては不断水工法を採用し，既設管路（φ700 mm 鋼管）に穴を開け迂回ルートを設置しました．

　計画地点は，有効落差が 12.7 〜 18.5 m，最大使用水量が 0.67 〜 0.769 m³/s の範囲となるので，水車選定図からは，クロスフロー水車，横軸フランシス水車，プロペラ水車（インライン式），ポンプ逆転水車などの選定が可能と考えられました．ただし，本施設が利水従属となることから，流量調整機能を条件として水車選定を行う必要があり，本発電所では横軸フランシス水車を選定することになりました．横軸フランシス水車は，構造が比較的簡単で，落差，水量に対する適合範囲が広く，流量を調整できる設備（ガイドベーン）を備えているため，中小

図 13・4 小貝川水力発電所の位置図

水力で広く採用されているとともに，本施設のように流量調整（注水流量調整）を最優先しなければならないケースにも適しているといえます。

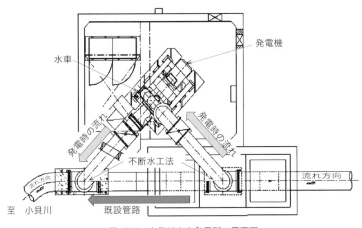

図 13・5　小貝川水力発電所の平面図

図 13・6　横軸フランシス水車の外観

配慮や工夫，特徴的な施設

　小貝川水力発電は，既設パイプラインの本管から分岐して小貝川へ注水する地点の落差を利用しています。有効落差は，霞ヶ浦用水施設である南椎尾調整池の水位と小貝川注水口の落差に相当し，最大約 17 m です。注水は，分岐管を経由しており，本発電所では分岐管に新たな迂回ルートを設けて発電機を設置する

13 小貝川水力発電所

表 13・1 発生電力量（平成 25 年度）

月 \ 項目	発生電力量 発電量〔kWh〕	一般家庭〔戸分〕
4 月	60 693	202
5 月	62 372	208
6 月	59 996	200
7 月	61 712	206
8 月	61 757	206
9 月	56 016	187
10 月	49 031	163
11 月	59 021	197
12 月	61 404	205
1 月	62 144	207
2 月	57 133	190
3 月	62 982	210
計	714 261	2 381
月平均	59 522	198

とともに，水車発電機の設置・修繕が容易なように天蓋を外した状態で吊り上げ下げが可能な設備配置を採用し，極めてコンパクトな施設として整備しました．また，小水力発電所で単独運転を必要としないため，保守が容易で安価な誘導発電機を採用するなど，維持管理性やコスト削減に関しても工夫されています．

なお，発電に使用される小貝川への注水は，下流で取水する工業用水用であり，流量が通年で一定であることが特徴です．このため，小貝川発電所は，表 14・1 のように発電量の月変動が極めて少ない安定した発電ができています．

その他

小水力発電設備は，水のもつ位置エネルギーで水車を回し，電気エネルギーを生み出すので，温室効果ガスである二酸化炭素を排出しないクリーンエネルギーとして，地球温暖化防止にも貢献するものです．削減効果は約 450 t-CO_2/ 年（一般家庭で約 89 戸 / 年分）になります．

このような理由から，当施設は平成 23（2011）年 2 月に経済産業大臣より「新エネルギー等発電設備」に認定されました．なお，この設備で発電される電力は，年間最大約 810 MWh であり，これは一般家庭の約 220 戸 / 年分に相当します．

小貝川水力発電設備は，河川注水工で開放されるパイプライン水頭エネルギーを有効利用し，小規模ではありますが，継続的に安定してクリーンエネルギーを

生み出しています．今後長期にわたり発電機能を持続させるためには，霞ヶ浦用水の適正な維持管理が必要です．

参考文献，関連 URL

1) 熊川憲司，早乙女稔：小貝川小水力発電設備について（2013）
2) http://www.water.go.jp/honsya/honsya/pamphlet/kouhoushi/2011/pdf/1104-08.pdf
3) http://www.water.go.jp/kanto/kasumiy/p02_8.html

14 自家消費／グリーン認証

北部第一・第二／江ヶ崎／鷺沼発電所

北部第一・第二発電所

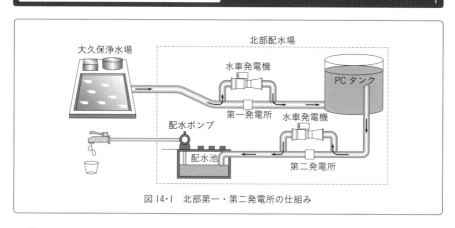

図14・1 北部第一・第二発電所の仕組み

沿革

　北部第一・第二発電所は，さいたま市水道局の北部配水場に設置され，平成23（2011）年11月から運転を開始しています．第一発電所は，大久保浄水場からポンプ送水された水を受水する手前で送水の圧力と流量を利用し，第二発電所は北部配水場の二つの水槽（PCタンクと配水池）の水位差を利用して発電しています．発電された電力は，北部配水場内の動力として自家消費され，場内で消

図14・2　水車発電機の外観

図14・3　北部配水場

仕　様

発電所名：北部第一・第二発電所
所 在 地：埼玉県さいたま市西区宝来880-1　北部配水場
運転開始年月：平成23（2011）年11月　　所 有 者：東京発電（株）
目　的：自家消費
発電の形式／方式：マイクロ式／流れ込み式
最大出力（kW）：70kW（第一）／35kW（第二）
有効落差（m）：18.36m（第一）／9.15m（第二）
取 水 量（m^3/s）：0.55m^3/s（第一）／0.614m^3/s（第二）

設　備

水　　車　第一：横軸円筒プロペラ水車，78kW，富士電機（株）
　　　　　第二：横軸円筒プロペラ水車，33kW，富士電機（株）
発 電 機　第一：三相誘導発電機，75kW，富士電機（株）
　　　　　第二：三相誘導発電機，37kW，富士電機（株）
制御・連系装置：屋内キュービクル，400V低圧連系盤
水 圧 管：入口弁500A（第一）／500A（第二）
放 水 路：出口弁500A（第一）／500A（第二）

費する電力の約30％をまかなっています（一般家庭220戸程度の電力量）．また，第一・第二発電所はグリーン電力認証設備となっており，自家消費の電力量を環境価値（グリーン電力付加価値）のある新エネルギー等電気相当量として，グリーン電力証書システムを利用して第三者に移転しています．

配慮や工夫，特徴的な施設

　20m以下の低落差で，水車の汎用性を高めるために，軸流プロペラ水車を導入しています．この水車は，次のような特徴をもっています．
　① インラインタイプ（パイプラインに沿って配置できる水車）であること．
　② 流量に応じて3タイプのサイズを有し，流量に応じてタイプを選択可能．
　③ 20mを超える高落差地点ではこの水車を複数台直列に配置すること．
　④ 大流量地点では複数台を並列に配置することで対応が可能．
　なお，当発電所では，流量変動に対し高効率で運転するため，さらに流量調整機能を備えています．
　この他，水車・発電機の保護制御装置，電圧を配電線と合わせるために昇圧する変圧器，配電線と接続するための開閉器，さらには監視のための通信装置などの一切を一つの盤に収納し，スペースの有効利用，コスト低減を図っています．

その他

グリーン電力証書

　自然エネルギーによって発電された電力には，電気の価値以外に CO_2 排出削減や省エネルギーなどといった目に見えない価値があり，これを「グリーン電力付加価値」と呼びます．「グリーン電力証書システム」とは，自然エネルギーにより発電された電気の「グリーン電力付加価値」を，第三者機関（グリーンエネルギー認証センター）の認証を得て，「グリーン電力証書」という形で取引する仕組みです．証書を購入する自治体や企業等は，「グリーン電力証書」を取得することで，発電設備を所有していなくても，証書に記載された電力量相当分 (kWh) のグリーン電力を利用したとみなされ，環境への貢献を PR することができます．一方，発電事業者は，グリーン電力証書の販売により収益を発電設備の維持管理や発電事業拡大に役立てることができます．このような理由で，「グリーン電力証書システム」は自然エネルギーの普及や温暖化防止に役立つ仕組みと考えられています．

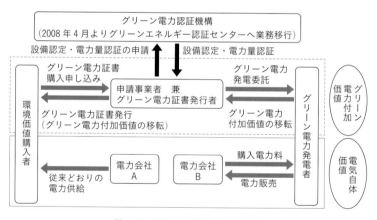

図 14・4　グリーン電力証書システム

関連 URL

1) http://www.city.saitama.jp/001/006/002/034/002/p016281.html
2) http://www.tgn.or.jp/teg/business/micro_hokubu.html

江ヶ崎／鷺沼発電所

　さいたま市の北部発電所と同様に，上水の浄水場と配水池の水位差を利用し，軸流プロペラ水車を導入して発電を行っている発電所が，川崎市にもあります．川崎市は，標高の高い市北部で浄水し，標高の低い市南部〜湾岸域の配水池へ，自然流下方式で送水する標高差を利用した水道システムを構築しています．このため，発電所を建設する前は，配水池手前で減圧が必要でした．次に紹介する発電所は，その減圧部などをバイパスする方式で水力発電設備を設置した事例です．

(1) 江ヶ崎発電所

　川崎市は，地球温暖化防止への取組みとして「地球環境保全のための行動計画」を策定しています．この計画に基づき，水道システムに内在するエネルギーを回収する水力発電として，平成16 (2004) 年3月に江ヶ崎発電所を運転開始しました．

　江ヶ崎発電所は，川崎市水道局の長沢浄水場と末吉配水池を結ぶ2号送水管に水車発電機を設置しています．この2号送水管の途中にある江ヶ崎制御室には，水量や圧力を調整する弁が設置されており，この弁をバイパスさせて水車発電機を設置することにより今まで未利用となっていたエネルギーを回収しています．

　江ヶ崎発電所では，水道施設の一部利活用や機器の簡素化・標準化をはじめ，市販品の活用等により大幅な建設コストの低減を実現しています．例えば，市販の太陽光インバータ利用による開発費の低減，系統解析や実系統試験による性能評価を行って信頼性を向上させた普及性の高い単独運転装置の開発・適用などを，一例としてあげることができます．

仕　様

発電所名：江ヶ崎発電所
所　在　地：神奈川県横浜市鶴見区江ヶ崎町6
運転開始年月：平成16 (2004) 年3月　　　　所　有　者：東京発電(株)
目　　　的：売電　　　　　　　　　　　　発電の形式／方式：マイクロ式／流れ込み式
最大出力 (kW)：170 kW　　　　　　　　　　有効落差 (m)：36.09 m
取水量 (m³/s)：0.6 m³/s

設　備
水　　車：横軸プロペラ水車，最大出力 92 kW，富士電機(株)
発　電　機：三相誘導発電機，最大出力 90 kW，富士電機(株)
制御・連系装置：屋外キュービクル，6.6 kV 高圧連系盤
水　圧　管：入口弁 500A　　　　　　　　　放　水　路：出口弁 500A

14 北部第一・第二／江ヶ崎／鷺沼発電所

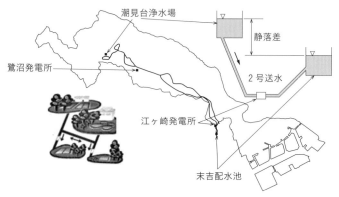

図14・5　江ヶ崎発電所の位置図

図14・6　水車発電機の外観

(2) 鷺沼発電所

　鷺沼発電所は，川崎市水道局と東京発電(株)との共同事業として，平成18(2006)年8月より運転を開始した発電所です．鷺沼発電所は，長沢浄水場から東急田園都市線鷺沼駅近郊にある川崎市鷺沼配水池に流入してくる水の余剰圧を利用して発電をしています．

　長沢浄水場から鷺沼配水への送水系統は，安定給水の確保のため，2系統で1系統に事故等があっても送水量が確保できるように整備されています．このため，通常時の送水量は余裕があり，流量調整弁により発電に使用する水量を調整することができます．

　この発電所は，東急田園都市線鷺沼駅前にあった市営プールの廃止，再開発による小学校，フットサル場および保育園等の公共施設の整備にあわせて計画されました．鷺沼配水池は，これら再開発施設の地下にあります．

仕　様

発電所名：鷺沼発電所
所 在 地：神奈川県川崎市宮前区土橋 3-1-2
運転開始年月：平成 18（2006）年 8 月　　　所 有 者：東京発電(株)
目　　的：売電
発電の形式／方式：マイクロ式／流れ込み式
最大出力〔kW〕：90 kW　　　　　　　　　　常時出力〔kW〕：69 kW
有効落差〔m〕：13.1 m　　　　　　　　　　取 水 量〔m^3/s〕：0.96 m^3/s

設　備

水　　　車：M 型マイクロチューブラ水車，最大出力 96.8 kW，田中水力(株)
発　電　機：三相誘導発電機，最大出力 90 kW，富士電機(株)
制御・連系装置：屋外キュービクル，6.6 kV 高圧連系盤
水　圧　管：入口弁 700 A　　　　　　放 水 路：出口弁 700 A

図 14・7　鷺沼発電所全景

図 14・8　水車発電機の外観

15 上水システム利用 港北／妙典／幕張発電所

港北発電所

　港北発電所は，横浜市水道局の港北配水池内に設置された発電所で，平成18 (2006) 年3月に運開しました．この発電所は，配水池内道路の地下部分に配置されていた既設弁室内に納まるように，一般的には検討さえされないような配管取り回しの特殊なレイアウトを特徴としています．これは，理想的な配置レイアウトを採用するため，既設弁室の拡張工事を行ってコスト増を招くより，多少の配管損失の増加を許容するほうがよいという判断に基づいています．

　発電した電気の一部は，周辺にある遊歩道「ゆうばえのみち」の外灯に利用されており，環境に優しい水力発電のPRに一役買っています．また，設置当初は自家消費後の余剰をRPS電源として東京電力へ売電していましたが，現在は"いわゆる"平成24 (2012) 年7月施工設備として固定価格買取（FIT）制度へ売電方法を変更しています．

　なお，この発電所は配水池構内道路の下に設置してあるため，近隣は住宅外ですが，景観・騒音・振動等の問題は全く発生していません．

港北発電所の仕様

発電所名：港北発電所
所　在　地：神奈川県横浜市都筑区二の丸14
運転開始年月：平成18 (2008) 年10月　　　所　有　者：東京発電（株）
目　　的：売電
発電の形式／方式：マイクロ式／流れ込み式
最大出力 (kW)：300 kW　　　　　　　常時出力 (kW)：178 kW
有効落差 (m)：29.8 m　　　　　　　取水量 (m^3/s)：1.35 m^3/s

設　備

水　　車：横軸単輪単流渦巻フランシス，347 kW，田中水力（株）
発　電　機：三相誘導発電機，315 kW，TATUNG CO.
制御・連系装置：屋外キュービクル，6.6 kV 低圧連系盤
水　圧　管：入口弁 700 A　　　　　　　放　水　路：出口弁 700 A

図15・1　港北発電所全景

図15・2　港北発電所で用いた水車発電機の外観

妙典／幕張発電所

　妙典発電所は，平成20（2008）年5月に100 000m³の容量を有し，市川市行徳地区（旧江戸川以西）浦安市全域を給水地区としている妙典給水場内に設置され，運転を開始しました．ディズニーリゾートで使用されている水は，妙典発電所の水車を通過し，この給水場から供給されています．

15 港北／妙典／幕張発電所

妙典発電所の仕様

発電所名：妙典発電所
所 在 地：千葉県市川市妙典 2-14-1　千葉県水道局妙典給水場
運転開始年月：平成 20（2008）年 5 月　　　所 有 者：東京発電（株）
目　　的：自家消費と売電
発電の形式／方式：マイクロ式／流れ込み式
最大出力〔kW〕：300 kW　　　　　　　常時出力〔kW〕：120 kW
有効落差〔m〕：37 m　　　　　　　　　取 水 量〔m^3/s〕：1.0 m^3/s

設　備

水　　車：横軸単輪単流渦巻フランシス水車，最大出力 350 kW，田中水力（株）
発 電 機：三相誘導発電機，最大出力 356 kW，八幡電機（株）
制御・連系装置：屋内キュービクル，6.6 kV 高圧連系盤
水 圧 管：入口弁 500A　　　　　　　　放 水 路：放水管 500A

図 15・3　妙典発電所で用いた水車発電機の外観

図 15・4　妙典給水場

幕張発電所は，90 000 m³ の容量で，千葉市美浜区高洲，花見川区幕張町，船橋市高瀬町，習志野市袖ヶ浦を給水地区としている幕張給水場内に設置され，平成 20（2008）年 4 月に運転を開始しました．

　この二つの発電所は，千葉県水道局と東京発電（株）の共同事業として設置，運用され，発電した電力は給水場内で自家消費されています．年間発電量は，2 発電所で 3 百万 kWh を超えます．

　なお，この 2 発電所は環境省の平成 19 年度地球温暖化対策ビジネスモデルインキュベーター事業の補助金を活用して建設された初の発電所です．

幕張発電所の仕様

発 電 所 名：幕張発電所
所　在　地：千葉県千葉市美浜区若葉 3-1-7　千葉県水道局幕張給水場内
運転開始年月：平成 20（2008）年 4 月　　　所　有　者：東京発電（株）
目　　　的：自家消費と売電
発電の形式／方式：マイクロ式／流れ込み式
最大出力〔kW〕：350 kW　　　　　　　　　常時出力〔kW〕：120 kW
有効落差〔m〕：48.0 m　　　　　　　　　　取水量〔m³/s〕：1 m³/s

設　備

水　　　車：横軸単輪単流渦巻フランシス水車，最大出力 400 kW，田中水力（株）
発　電　機：三相誘導発電機，最大出力 350 kW，八幡電機（株）
制御・連系装置：屋内キュービクル，440 V 低圧連系盤
水　圧　管：入口弁 500A　　　　　　　　　放　水　路：出口弁 500A

図 15・5　幕張発電所で用いた水車発電機の外観

図 15・6　幕張給水場

15 港北／妙典／幕張発電所

Column ❸ 「環境に優しい水道」をめざすさいたま市水道局の小水力

　さいたま市は平成 32（2020）年度に向けた「水道事業長期構想」の中で、「水圧を利用した小水力発電，太陽光などの自然エネルギーの活用，燃料電池など新たなエネルギーの有効活用」を施策としてあげています．そのような構想に基づいて，さいたま市水道局は，固定価格買取制度が始まる以前から，すでに 3 か所の配水場に小水力発電設備を導入しています．北部発電所，大宮発電所，大幡発電所の 3 か所です．生産される電力量は合計で 1 年間に 157 万 kWh（440 世帯分の電力使用量に相当）になり，それぞれの配水場施設内で自家消費されています．

■ 大宮発電所

　そのうちの一つである大宮発電所は，東京発電（株）との共同事業として，平成 23（2011）年 4 月より運転を開始した発電所で，大久保浄水場から大宮配水場へ送水される水道水を利用して発電し，同配水場で消費される電力の約 35％をまかなっています．

　大宮発電所に導入された水車は，30 m 以上の高落差地点に適用でき，設置スペース確保ができる水車として開発された円筒型フランシス水車です（2 章 No.10 山宮発電所参照）．この水車を利用することで，配管の取り回しが容易になり，据付コスト低減が図れました．

大宮発電所の仕様

発電所名：大宮発電所
所　在　地：埼玉県さいたま市大宮区桜木町 4-534-1
運転開始年月：平成 23（2011）年 4 月　　　所　有　者：東京発電（株）
目　　　的：自家消費
発電の形式／方式：マイクロ式／流れ込み式
最大出力（kW）：50 kW　　　　　　　　　常時出力（kW）：40 kW
有効落差（m）：38.74 m　　　　　　　　　取水量（m^3/s）：0.178 m^3/s

設　備

水　　車：：横軸円筒型ケーシングフランシス水車，最大出力 55 kW，田中水力（株）
発　電　機：三相誘導発電機，最大出力 55 kW，八幡電機（株）
制御・連系装置：屋内キュービクル，440V 低圧連系盤
水　圧　管：入口弁 600A　　　　　　　　　放　水　路：放水管 300A

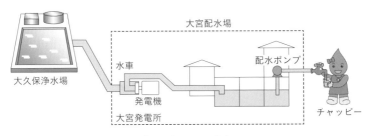

図① 大宮発電所の仕組み

図② 水車発電機の外観

図③ 大宮配水場の全景

　なお，この発電所は，水車を上水道に設置するため，塗装を含め上水道の仕様に合致させるなど水質に対する万全の対策や上水道供給を阻害しないなどの工夫を施して整備されています．また，この発電所はグリーン電力設備として認証され，グリーン電力付加価値を第三者に移転しています．

■ 深作発電所

　平成 26（2014）年には，連続して尾間木発電所と深作発電所が，それぞれの配水場で小水力発電を開始しました．深作発電所は，大久保浄水場からポンプ送水された水を受水する手前に設置された発電所で，既設配管スペースが狭小であったため，大宮発電所と同様の円筒型フランシス水車を用い，さらに水車発電機を立体的に設置している点に特徴をもつ発電所です．平成 26（2014）年運開のため，発電した電力は全量を FIT 制度で売電しています．

深作発電所の仕様

発電所名：深作発電所
所　在　地：埼玉県さいたま市見沼区深作 921-1　深作配水場
運転開始年月：平成 26（2014）年 4 月　　　所　有　者：東京発電(株)
目　　　的：売電
発電の形式／方式：マイクロ式／流れ込み式
最大出力〔kW〕：63 kW　　　　　　　　　有効落差〔m〕：24.39 m
取　水　量〔m^3/s〕：0.369 m^3/s

設　備

水　　　車：横軸前口フランシス水車，最大出力 63 kW，田中水力(株)
発　電　機：三相誘導発電機，最大出力 63 kW，八幡電機(株)
制御・連系装置：屋外キュービクル，6.6 kV 高圧連系盤
水　圧　管：入口弁 500A　　　　　　　　放　水　路：出口弁 350A

図④　水車発電機の外観（1）

図⑤　水車発電機の外観（2）

　さいたま市には，水道設備として浄水場と配水場が 20 か所にあります．そのうち，まだ小水力発電が可能であるが，未整備の配水場が 4 か所あります．さいたま市水道局は，これらの配水場においても順次小水力発電所を整備し，環境にやさしい水道のための発電を増やしていくことを計画しています．

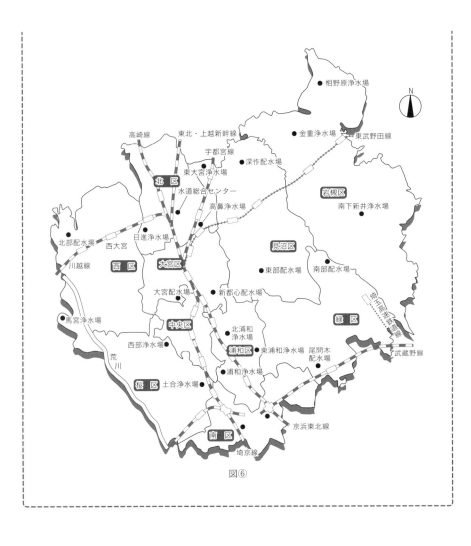

図⑥

第5章 施工

　大中水力と異なり，小水力は小規模であるために規模のメリットという考え方になじみません．そのため，経済性を改善するためには，どうしても設計費，設備費，施工費などをどのように削減するかを検討する必要があります．計画・設計に関しては，コンピュータ化された計画・設計ツールの普及により，それらの作業に要す時間やコストの低減が進んでいます．一方，施工に関しては，大中水力技術の縮小として小水力を扱う傾向がまだ続いています．しかし，そのように扱うと，コストは高くなりがちです．小水力の施設費削減には，小水力独自の技術を開発・工夫するという視点が必要になります．そのためには，システムの合理化や標準化などだけではなく，既設設備の利用，新材料の利用，設備の簡素化，新たな土木整備技術の導入などを，積極的に検討し，活用しなければなりません．他の章で取り上げた発電所にも，そのような工夫を取り入れた事例がたくさんあります．本章だけでなく，他章の施工に関する配慮・工夫も，参考になるはずです．

16 船間発電所

トンネル工法

図 16・1 船間発電所全景

沿革

　船間発電所は，鹿児島県大隅半島の肝付町に位置し，太平洋に注ぎ込む普通河川「馬口川」の水を利用する発電所です．馬口川流域は，馬口川が年間を通じて安定した流量があること，地形が急峻で落差を確保しやすいという特徴から，小水力の開発ポテンシャルが高い地域です．このため，この地域には戦後まで集落経営の小規模な水力発電所があったという歴史的な背景があります．九州発電（株）は，鹿児島県内でこのような小水力発電の候補地を調査していた地元コンサルタントの技術者含めて，平成 24（2012）年 1 月 17 日に創業しました．船間発電所は，同社の最初の発電所として平成 26（2014）年 8 月から運用を開始しました．なお，この地域にはまだ小水力開発適地があるため，九州発電（株）は肝付町，霧島市，南大隅町と立地協定書を結び，小水力発電開発を計画しています．

仕　様

発電所名：船間発電所
所　在　地：鹿児島県肝属郡肝付町　　　運転開始年月：平成 26（2014）年 8 月
所　有　者：九州発電(株)
目　　　的：全量売電
発電の形式／方式：流れ込み方式
最大出力〔kW〕：995 kW
常時出力〔kW〕：272 kW
最大使用水量〔m^3/s〕：0.58 m^3/s　　有効落差〔m〕：204 m

取水／放水

河川名／水系名（級別）：馬口川（ばくちがわ），普通河川
流域面積〔km^2〕：7.0 km^2

設　備

水　　車：立軸ペルトン水車，最大出力 1 050 kW ，日本工営(株)
発　電　機：同期発電機，1 050 kVA，6 600 V，92 A，力率 95 %，720 min^{-1}
水　圧　管：φ 600

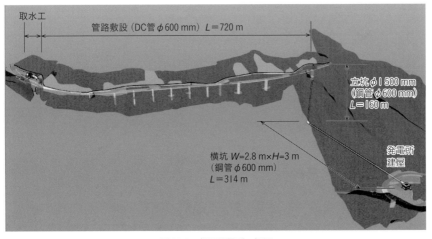

図 16・2　船間発電所の概要

配慮や工夫

船間発電所の建設は，計画段階から次のような施工上の課題を抱えていました．
① 　計画地点が急傾斜（傾斜 70°）の土地です．
② 　取水口から発電所までの導水ルートが急勾配で，斜面配管の場合，災害の原因となる可能性が高く，景観的に問題となる可能性があります．

そこで，導水ルートに関する多方面からの検討を行い，直下および横穴の隧

16 船間発電所

図 16・3 リーミング掘削開始

図 16・4 発電室

道工法（トンネル工法）を採用し，送水管を埋設することとしました．工費は斜面配管に対して高くなりますが，上記の課題解決や長期的な維持管理性を考慮すると，非常に安心できる工法といえます．

また，高落差（180 m）を活用するため，水車発電機は 1 000 kW クラスでは日本で 3 か所目となる立軸ペルトン水車を使用することにしました．

さらに，船間発電所建設は，地域貢献，県内企業連携を前提に，地元住民，地元自治体，発電機メーカ，電力会社等の関係者とも適切な協力関係を形成することで，日本政策投資銀行と鹿児島銀行の協調融資を得て実施されました．工事にあたった工事会社が集落の活動に積極的に参加するなど，地元との協力も良好であったため，計画どおり平成 26（2014）年 7 月に発電所の完成を見ることができました．運開後の現在は，1 日当たり 23 800 kWh の発電量となっています．

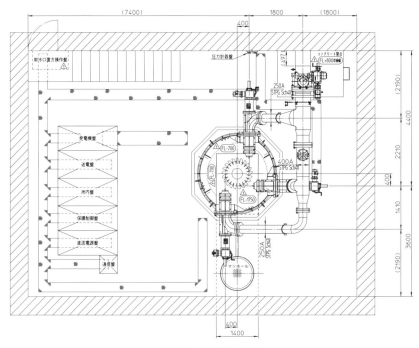

図 16・5 水車組立平面図

その他

　九州発電(株)は，創業時点で県内 40 か所に発電施設を建設する計画を立てています．このうち，すでに 6 か所ほどの地点が具体化段階にあり，最初の船間発電所に続いて，重久発電所（霧島市）が平成 27（2015）年 2 月から運用を開始する予定です．

　また，船間発電所の運用に伴い，地域巡回バスの費用の一部負担を行うなど，同社は地元企業として，再生可能エネルギーの普及を通じた南九州地域の環境負荷低減への貢献，高齢化が進む僻地の公共サービスへの貢献なども重視しています．

17 華川発電所

復活／管材／水利権

図17・1　再生した水車発電機

図17・2　再生した発電所建物

沿革

　華川発電所は，明治41（1907）年に炭坑用の電源として常磐炭鉱（現常磐興産）が開発したが，昭和46（1971）年の大出水により炭鉱が水没し閉山され，それに伴い発電を停止し水利権の放棄について茨城県知事に届出を提出しました．その後，設備は北茨城市に無償譲渡され，かんがい用水として使用されていました．

　東京発電（株）は，発電所再生事業の2例目として，平成20（2008）年より華川発電所再生に向け本格的な調査を実施し，水利権の取得，設備の譲渡に向け動き出しました．平成21（2009）年10月に河川法や電気事業法の手続きを行い，許可後，取水設備の改造，水車発電機の取替，発電所建物新設の工事を実施，平

図17・3　再生前のえん堤の状況

図17・4　再生前の導水路の状況

仕　様

発電所名：華川発電所
所 在 地：茨城県北茨城市華川町大字小津田 665
運転開始年月：平成 23（2011）年 2 月　　　所 有 者：東京発電（株）
目　 的：売電
発電の形式／方式：一般水力発電／流れ込み式
最大出力〔kW〕：130 kW　　　　　　最大使用水量〔m³/s〕：1.00 m³/s
有効落差〔m〕：17.35 m

取水／放水

河川名／水系名（級別）：大北川水系花園川
流域面積〔km²〕：41.13 km²

設　備

水　　車：横軸フランシス水車，最大出力 145 kW，田中水力（株）
発 電 機：三相誘導発電機，最大出力 150 kW，安川電機（株）
制御・連系装置：高圧連系，随時巡回方式
取水施設：有　　　　　　　　　　　導 水 路：有
調圧設備／ヘッドタンク：有　　　　水 圧 管：有
放 水 路：有

成 23（2011）年 2 月に運転を開始しました．

図 17・5　再生前の水槽の状況

図 17・6　再生前の水圧管路の状況

17 華川発電所

図17・7　再生前の水車発電機の状況

図17・8　再生前の発電所建物の状況

図17・9　再生した取水えん堤

図17・10　再生した取水口

図17・11　再生した導水路

図17・12　再生した水槽

図 17・13　再生した水圧管路

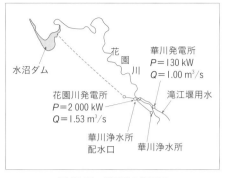

図 17・14　発電所の位置図

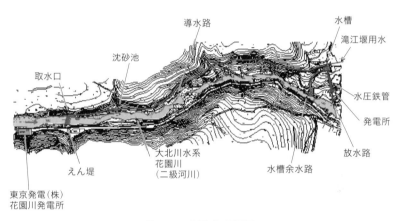

図 17・15　発電所の平面図

配慮や工夫，特徴的な施設

(1) 水利権
取水口～導水路が農業用水として利用している共有設備であり，慣行水利権の法定化の後，許可申請を行いました．

(2) えん堤および取水口工事
仮締切り作業等の河川内作業は重機の乗り入れが困難であったため，潜水夫による作業となった．また，異常気象による冬季の大雨による増水により作業は難航を極めました．

(3) 水槽工事
水槽工事は農業用水の引水により水槽に堆積した土砂で事前に排砂門の形状

17 華川発電所

図17・16 取水えん堤仮締切の状況

図17・17 潜水夫により締切の状況

が確認できなかったため，土砂排除後，水槽の一部改造を伴う工事となりました．

(4) 水圧鉄管

水圧鉄管は事前調査により余寿命が約21年という結果が出ました．そこで，多面にわたり検討した結果，当社初となる既存の水圧鉄管内部にポリエチレン管を挿入する二重管工法を採用しました．

図17・18 水槽土砂排除の状況

図17・19 排砂門の状況

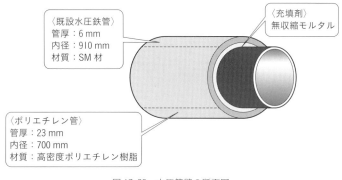

〈既設水圧鉄管〉
管厚：6 mm
内径：910 mm
材質：SM 材

〈充填剤〉
無収縮モルタル

〈ポリエチレン管〉
管厚：23 mm
内径：700 mm
材質：高密度ポリエチレン樹脂

図 17・20　水圧管路の断面図

図 17・21　ポリエチレン管据付状況（入口付近）

図 17・22　既設管モルタル充填の状況

(5) 水車

水車は既設ドラフトを流用しコストダウンを図りました．

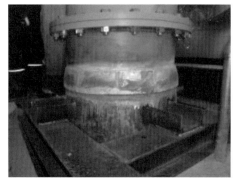

図 17・23　既設ドラフト接続の状況

(6) 電気設備

配電盤とキュービクルを一体化した独自の高圧連系盤を採用し，プログラムを直営で作成するなどのコストダウンを図りました．

図17・24　高圧連系盤の状況

図17・25　諸試験の状況

連絡先

1）東京発電ホームページ　http://www.tgn.or.jp/teg/

Column ❹ 溜池の放流を活用する「長橋溜池発電所」

　長橋溜池発電所は，溜池からのかんがい用水の放流を活用した面白い事例です．五所川原市南部土地改良区が管理する長橋溜池は，青森県西部，津軽半島の中南部に位置する五所川原市南東に位置し（青森県五所川原市大字上山地内），古くから農業用の溜池として利用されてきました．長橋溜池は，有効貯水量 812.5 km^3，堤高 8.0 m，堤長 280.0 m の皿池構造の溜池で，かんがい期間（6月6日～9月20日）には，受益面積 316 ha に対して代掻き期 0.827 m^3/s，普通期 0.4～0.6 m^3/s 程度の用水を行っています．長橋溜池のかんがい期における水管理は，常時満水位から斜樋第2取水孔上部水位まで補給水なしで放流を行い，その後，斜樋第2取水孔の水位を下回らないように金山大溜池より不足水量を補給しながら，長橋溜池が仮の用水と六助溜池へ放流しています．放流量分補給があるため，かんがい期の長橋溜池の水位は斜樋第2取水孔上部水位（EL=25.30 m）で変動しません．一方，放流地点の水位は EL=19.06 m で，かんがい期の取水位と放水位の水位差（総落差）は常に 6.2 m に保たれています．長橋溜池発電所は，このかんがい期の放流を利用する発電所として計画・整備されました．

　長橋溜池発電所は，発電所設置が難しいと考えられていた農業用溜池に設置された発電所として，次のような点に工夫や特徴があります．

① 自由水面の流れで放流される用水を，圧力をもつ管路の流れにして，水車発電機に導くような仕組みとしました（図①）．
　長橋溜池の底樋の構造は斜樋からのかんがい用水の導水に加え，土砂吐の機能も担っていることから断面が大きく，用水は自由水面をもつオープンタイプの管路流として流下していました（図①左）．そこで，既設底樋の吐出部に仕切弁を設けてクローズ状態にし，仕切弁の直前にバイパス管を設置してかんがい流量分を分岐して水車発電機へ導水することで，底樋を圧力管として有効落差を確保できる仕組みを考案しました（図①右）．

② かんがい用水の運用を妨げない使用水量設定および設備構成としました（図②）．
　普通期最小流量の 0.41 m^3/s を使用水量として，使用水量以上は放流できるような設備としました．また，発電急停時に，φ600 mm の水車流入管のバルブが発電設備保護のため全閉し，一方でかんがい用水を確保するための放流管のバルブが自動開放するような設備としました．

③ 水車回転軸の両端に発電機一対（2機）が配置されるコンパクトな発電機一体型クロスフロー水車としました．

④ 吸出し管を放水面下に水没させ，吸出し高さ分を有効落差として利用するためドラフト管の設置，さらにドラフト管内の水面暴れ対策として，ドラフト内水面高さ調整のための吸気管を設置しました．

17 華川発電所

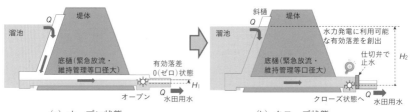

(a) オープン状態　　　　　　　　　(b) クローズ状態

図①　長橋溜池発電所での工夫

図②　放流用配管と一対発電機一体型クロスフロー水車レイアウト

　発電所概要は仕様のとおりで，年間発電日数がかんがい期の109日/年，年間発電量が約26 000 kWh/年と見込まれています．なお，かんがい用需要施設（26か所の揚水ポンプ）が発電地点から離れているため，計画では電力会社に全量を売電し，収入を農業水利施設の維持管理費に充てることになっています．

仕　様

運転開始年月：平成24（2012）年5月
所　有　者：五所川原市南土地改良区
発電方式：貯水池方式
出　　力：最大：12.0 kW，常時：10.0 kW
（最大）使用水量：0.41 m³/s
有効落差：5.0 m（取水位：27.80 m，放水位：19.06 m）
河川名／水系名（級別）：松野木川／岩木川水系（一級河川）
水車タイプ：クロスフロー
発　電　機：永久磁石発電機（100 V／51.33 Hz）

第6章
更　新

　水力発電は約160か国で行われています．その発電所の大部分が，2030年までに更新時期を迎えるといわれています．わが国では，大正～昭和初期と昭和20～30年代，盛んに小水力発電所が建設されました．さすがに，大正～昭和初期の発電所でいまも現存するものの多くは，設備を更新しています．一方，昭和20～30年代に建設された小水力発電所は，ちょうどいま更新の時期を迎えています．
　水力発電所は長寿命であるため，新規開発の材料・装置や革新的技術の本格的適用は，新設と更新のときに限られます．既設設備の更新は，そのような材料・装置や技術の適用により，低コストで設備の発電容量や年間発電量を増やすリパワーにも最も有効な方法といえます．最近の更新事例には，新しい材料を使ったり，50年以上に及ぶ発電実績に基づいて運用を合理化したりするものが少なくありません．

18 西粟倉水力発電所

更新／再利用

図 18・1 西粟倉発電所全景

沿革

西粟倉水力発電所は，農山漁村電気導入促進法に基づき，未開発資源を活用し，良質な電力増強と地区内の農業振興ならびにへき地電力不足の解消を図ることを目的として昭和 40（1965）年に着工し，昭和 41（1966）年 3 月から発電を開始しています．当時は自治体が経営をできなかったため，西粟倉村農業協同組合による経営であったが，平成 16（2004）年の農協合併に伴い西粟倉村に移譲されました．

建設後 44 年を経過し，水圧管の漏水など設備の老朽化に加え，発電機の空冷化が必要となったため，平成 22（2010）年度に重要な設備の更新工事を計画しました．当初は国の補助制度を活用し更新工事を行う予定であったため，平成 23（2011）年度に小水力等農業水利施設利活用促進事業を活用し概略設計を行い，平成 25（2013）年度に基本設計，平成 26（2014）年度に農山漁村活性化プロジェクト交付金を活用しながら工事実施する予定でした．

しかし，平成 24（2012）年 7 月 1 日より再生可能エネルギー固定価格買取制度（FIT 制度）が開始され，20 年を超える既存施設の認定条件が発電施設本体の

仕　様

発電所名：西粟倉水力発電所
所　在　地：岡山県英田郡西粟倉村坂根 717
運転開始年月：昭和 40（1965）年 2 月 20 日　　所 有 者：西粟倉村
目　　　的：農山漁村電気導入促進法に基づき，未開発資源を活用し，良質な電力増強と地区
　　　　　　内の農業振興ならびにへき地電力不足の解消を図る
発電の形式／方式：水力発電／水路式発電
最大出力〔kW〕：316 kW　　　　　　　　　　　常時出力〔kW〕：290 kW
最大使用水量〔m³/s〕：0.55 m³/s　　　　　　　有効落差〔m〕：68.9 m

取水／放水

河川名／水系名（級別）：吉井川水系吉野川
取　水　位〔m〕：445.0 m　　　　　　　　　　放　水　位〔m〕：369.5 m
流域面積〔km²〕：18 km²

設　備

水　　　車：横軸単輪単流渦巻フランシス水車，最大出力 316 kW，イームル工業（株）
発　電　機：三相交流同期発電機，最大容量 330 kVA，（株）明電舎
制　　　御：ヘッドタンク水位　電波式水位計＋水位電極（バックアップ用），導水流量，超音
　　　　　　波式流量計 1 測線 V 法
連系装置：高圧気中開閉器，各種継電器，真空遮断機，単独運転検出装置等
取水施設：既設塩流型流水式
導　水　路：こう長は蓋渠：210.4 m，トンネル：1471.6 m，水路橋：16.5 m，開渠：12.0 m，
　　　　　　標準断面寸法は幅：0.9 m，高さ：0.75 m
調圧設備／ヘッドタンク：調圧水室なし／ヘッドタンク幅：1.25 m，長さ 11.0 m
水　圧　管：圧力 0.78 MPa（最大静水圧：0.66 MPa　最大水撃圧：0.12 MPa）
　　　　　　長さ 102.4 m　内径 φ 800 mm，材料は配管用アーク溶接炭素鋼鋼管
放　水　路：内幅 1.5 m，内高 1.5 m，長さ 22.35 m

図 18・2　イームル工業製横軸単輪単流渦巻フラン　　図 18・3　各種制御盤（手前から単独運転検出装
　　　　　シス水車と明電舎製三相交流同期発電機　　　　　　　　置、直流電源装置、発電機制御盤等）

18 西粟倉水力発電所

更新(発電機,水車の更新と基礎工事を実施,電気設備(配電盤,キュービクル)の更新,建屋の新設を行う)のときは対象となることとなったため,事業を前倒しして,全額村の自主財源により平成24 (2012) 年度に実施設計および工事発注を行いました.

図 18・4 ポリウレタン被覆水圧管にフッ素樹脂塗料を行い景観に配慮した水圧管路

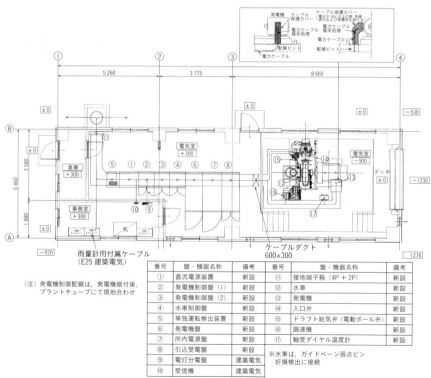

番号	盤・機器名称	備考	番号	盤・機器名称	備考
①	直流電源装置	新設	⑪	接地端子箱 (4P + 2P)	新設
②	発電機制御盤 (1)	新設	⑫	水車	新設
③	発電機制御盤 (2)	新設	⑬	発電機	新設
④	水車制御盤	新設	⑭	入口弁	新設
⑤	単独運転検出装置	新設	⑮	ドラフト給気弁 (電動ボール弁)	新設
⑥	発電機盤	新設	⑯	調速機	新設
⑦	所内電源盤	新設	⑰	軸受ダイヤル温度計	新設
⑧	引込受電盤	新設	※水車は,ガイドベーン弱点ピン折損検出に接続		
⑨	電灯分電盤	建築電気			
⑩	受信盤	建築電気			

図 18・5 設備配置関連—主要設備レイアウト図—

(1) 横軸単輪単流渦巻フランシス水車の選定

水車の選定にあたって，発電流量は現在と同値の $Q = 0.55\,\mathrm{m^3/s}$ であり，有効落差（H_e=68.9 m）から水車選定図（図 18·6）を参考に，横軸フランシス水車としました．

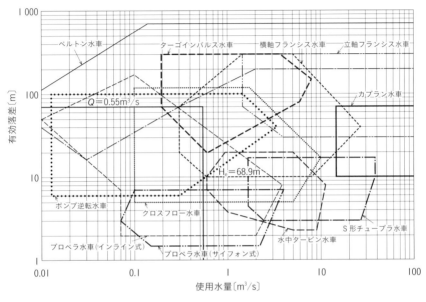

図 18·6　水車選定図

(2) 発電機出力計算表

発電機効率および発電機出力の算定は次のとおり求められます（変落差特性曲線と発電機効率による図 18·7，表 18·1，図 18·8）．

18 西粟倉水力発電所

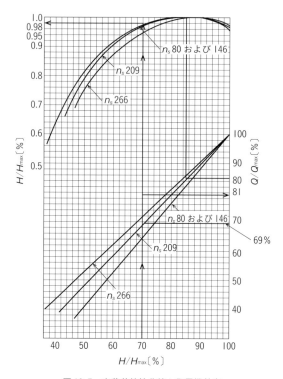

図 18・7　変落差特性曲線と発電機効率

表 18・1　発電機出力計算表（フランシス水車）

流量 (m³/s)	回転速度 (rps)	水車出力 (kW)	周波数 (Hz)	極数	発電機効率 (%)	発電機出力 (kW)
0.55	1 200	319	60	6	91.96	293

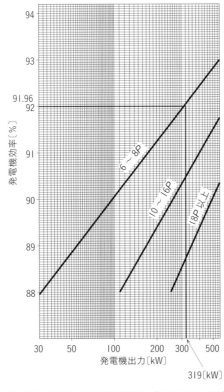

図 18・8　定格出力時の発電機効率（フランシス水車）

配慮や工夫，特徴的な施設

　施設改修計画においては，取水量は現況の水利権取水量 $Q = 0.55\,\mathrm{m}^3/\mathrm{s}$ としました．発電量を増大させるには取水量の増加が必要でした．しかし，調査・申請に費用と時間を要することと再生可能エネルギー固定価格買取制度の認定を早期に受けるため現況取水量のままとしました．計画の基本として，コスト削減のため，既存施設で使用可能なものはそのまま使用することとし調査を実施しました．

　既設えん堤（図18・9）は平成21（2009）年度において修繕工事を実施していたため改修は行わないこととし，導水路については総延長1782mのうちトンネル部分の亀裂補修80mと表面補修40mを実施することとしました．（図18・10）．ヘッドタンクは鉄筋コンクリート造で，排砂ゲート，スクリーン，ゲートともに構造的な機能低下は見られずそのまま使用することにしましたが，開渠であるため落葉がスクリーンに詰まり発電出力を低下させるため，自動除塵機の

18 西粟倉水力発電所

設置も検討しましたが，その後の保守管理費用の増大の観点から設置せず，代わりにFRP製の蓋を取り付けました．水圧管路については既存のものは鋼管でフランジ接続となっていましたが，経年による老朽化によりフランジ部分からの漏水が多く管路全体を更新することとしました．水圧管路の管種は，従来「鋼管」や「ダグタイル鋳鉄管」が主に利用されてきましたが，近年は「FRPM管」，「硬質塩化ビニル管」，「ポリエチレン管」，「耐圧ポリエチレンリブ管」もあり比較検討を行いました．

工事方法を検討した結果，水圧管路の布設にはモノラックによる施工が適切と判断されたため，モノラックの積載荷重が1トン以下であり，水圧管路の1本当たりの重量も1トン以下とすることが必要となりました．（図18・11）．

また，既設水圧管路は，鋼管φ770mmのフランジ継

図18・9 既設のえん堤

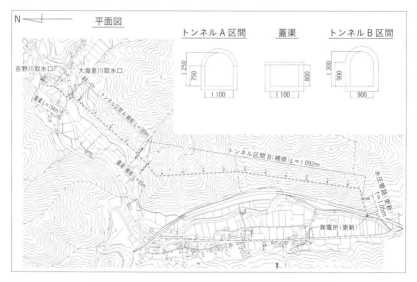

図18・10 導水路（①-3 取水〜発電所〜放水の平面図）

手であり，口径から「硬質塩化ビニル」は除外され，布設形式が露出配管であり，周辺が急峻な山林で風倒木や落石による損傷を考え「FRPM 管」についても除外しました．「ダクタイル鋳鉄管」は，$L=4.0$ m でも1トンを超えるため除外しました．最終的に残った「鋼管」と「高耐圧ポリエチレン管」による比較検討を行いました．

耐久性のうち対劣化・耐食性ともに「高密度ポリエチレン管」が優れており，概算工事費も7500千円程度「高密度ポリエチレン管」のほうが安価になると推計されましたが，実績の観点から判断すると「鋼管」は長年にわたり使用され，水力発電の水圧管路として実績が多くありました．

「高耐圧ポリエチレン管」が発電用水圧管路として認定されたのは平成23 (2011) 年であり，本発電規模程度で採用されたのはこの時点では1件でありました．メーカに問い合わせたところ，勾配45°での実績はなく，勾配30°までとのことであり，継続的

図 18・11　水圧管路の布設

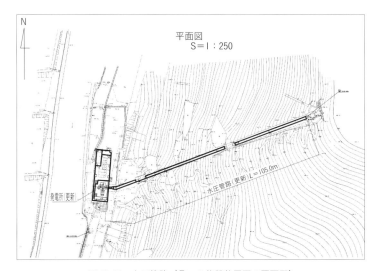

図 18・12　水圧管路（①－2 施設位置図の平面図）

18 西粟倉水力発電所

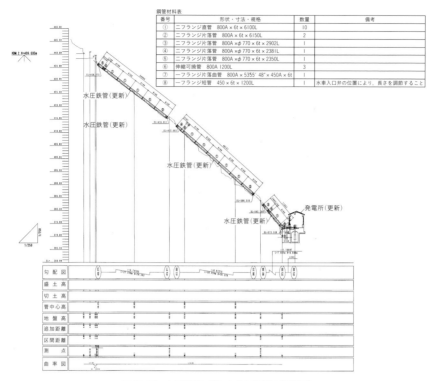

図18・13 水圧管路（①-4 水圧管路の縦断図）

かつ長期的に水圧管路にかかる振動や圧力を考慮し，実績のある「鋼管」の採用を決定しました．「鋼管」はポリウレタン被覆にフッ素樹脂塗料を行い，耐食性100年以上で美観性15年以上としました．水圧管路の既設アンカーブロックは劣化が進んでいなかったことからそのまま利用しています．

アンカーブロック内の鋼管は既設を利用するためアンカーブロック部分の水圧管はϕ770 mmとなっています．

水車については改修後の発電流量が前と同値であることから水車選定図（図18・6参照）から既設と同種の「フランシス水車」と「クロスフロー水車」が選定されますが，放水槽が反動水車（「フランシス水車」等）に合わせて建設されているため既設設備と同種の「フランシス水車」を選定しました．発電機について既設は「三相交流誘導発電機」ですが，電力会社と系統連系協議により「三相交流同期発電機」としました．発電所建屋は木造半地下式構造ですが，放水槽および放水路は既設を利用し，周辺民家への騒音対策としてコンクリート壁

180mm,グラスウールボード25mm,防音アルミサッシ・ドアを使用しています.

その他

　平成23（2011）年に概略設計に着手した段階では，再生可能エネルギー固定価格買取制度については水力発電も新設のみが対象となり，既設発電所は当初では制度の対象外となるのではないかといわれていました．その後，関係者の努力もあり，20年超の既存施設においては発電施設の発電機や水車等の発電に関する重要な部分の更新を行えば，新設扱いとなることになりました．当時，更新の具体的な事例がなく，本発電所の更新計画について資源エネルギー庁新エネルギー対策課に相談したところ，同課や中国経済産業局新エネルギー対策室による現地視察などを経て設備認定を受けることができました．

参考文献，連絡先，関連URL

1) ハイドロバレー計画ガイドブック
2) 西粟倉村産業観光課（岡山県英田郡西粟倉村影石2番地）
   http://www.vill.nishiawakura.okayama.jp
   TEL0868-79-2111, FAX0868-79-2125

19 滝上芝ざくら発電所

水中タービン発電機／リパワー

図19・1　発電所全景

沿革

　当発電所は，地元有志による滝の上水力電気（株）が大正14（1925）年12月に発電を開始し，昭和19（1944）年まで2台（水利権4.4 m³/s）で運用していました．戦時中に1台を移設して112 kW，最大使用水量2.2 m³/sとし，その後変遷を経てほくでんエコエナジー（株）の所有となり水利権4.4 m³/sの範囲内で塵芥や流氷雪の流入に伴う取水障害を可能な限り回避する運用を行ってきました．

　地元では，取水堰を「白馬の滝」，流入する塵芥・流氷雪を流下する目的で水槽余水路から溢水した放流水は「白亜の滝」と呼ばれ，町市街地に位置していることもあり，発電所建物を含め観光名所・渓谷美の一つとして町民に親しまれていました（図19・1参照）．

　しかし，平成24（2012）年4月に水車軸受が損傷し（図19・2，19・3），発電単価が平均の4倍であること，交換・修理には経済性がないことから発電所存続も危惧されました．しかし，平成24（2012）年7月に「再生可能エネルギー特別措置法（FIT）」が施行されたことから，本制度を活用して既設発電設備を更新・再開発を行うことになりました．

```
                仕　様
```

発電所名：滝上芝ざくら発電所
所　在　地：北海道紋別郡滝上町字滝上市街地1条通り1丁目12番地先
運転開始年月：大正14（1925）年12月（再開発：平成25（2013）年12月）
所　有　者：ほくでんエコエナジー（株）　　　目　的：売電
発電の形式／方式：流れ込み式／水路式　　　最大出力（kW）：260 kW
常時出力（kW）：0（最小流量以下）　　　　有効落差（m）：7.2 m
取　水　量（m^3/s）：4.40 m^3/s

取水／放水／水系河川名

河川名（級別）：北海道渚滑川水系渚滑川（一級）
取　水　位（m）：123.140 m　　　　　　　放　水　位（m）：113.740 m
流域面積（km^2）：456.52 km^2

設　備

水　　　車：立軸単輪円筒固定羽根プロペラ水車（VS-IRT），最大出力 310 kW，回転速度 435 min^{-1}，イームル工業（株）
発　電　機：水中タービン発電機（一体形），三相誘導発電機，最大出力 300 kW，回転速度 435 min^{-1}，400 V，ザイレム社（スウェーデン）
制御・連系装置：屋内キュービクル，400 V/6 600 V 配電線連系，制御・保護継電器，余水路警報装置，直流電源装置 MSE200 Ah，遠方監視制御装置，保守支援・ITV 装置
取水施設：重力式コンクリート（堤高 1.520 m，2.360 m）
導　水　路：蓋渠　延長 121.439 m
調圧設備／ヘッドタンク：水槽，鉄筋コンクリート造，開渠
放　水　路：蓋渠，延長 10.014 m

　水車発電機の選定では，経済性や保守性も良い水中タービン発電機（図19・8）を北海道内で初めて導入しました．

(1) 水中タービン発電機の特徴

　メリットは次のとおりです．
　① 水車・発電機の構造が簡素（外部連結，操作機構がない）
　② 機械・機構部，連結部，電気配線などの現場作業が少ない
　③ 一体で搬入，搬出することが容易
　④ 工場で分解整備が可能なため，製品としての品質管理が向上する
　⑤ 水中設置であること，誘導発電機であること，流量調整機能がないことから，付属装置（圧油装置，電圧調整装置，速度調整装置，並列装置，冷却装置）が不要
　一方，デメリットは次のとおりです．

① 運転可能な落差，流量に，若干の制約がある
② 別途，流量調整機構（自動制御付の制水門など）が必要
③ 水車・発電機故障時の緊急停止装置が別途必要

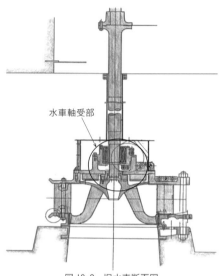

図 19・2　旧水車断面図

図 19・3　水車軸受（セラミック）損傷状況

図 19・4　旧発電機

図 19・5　旧水車

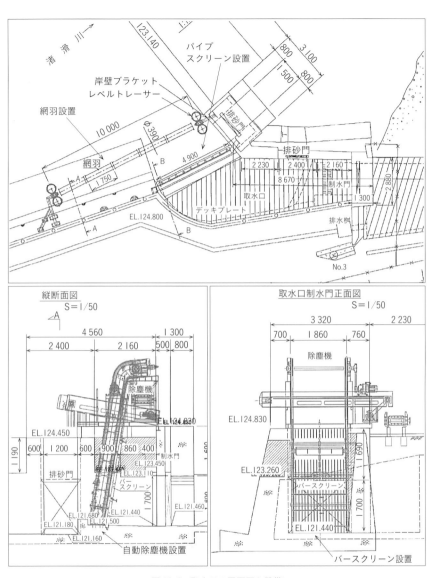

図19・6　取水口の平面図と設備

19 滝上芝ざくら発電所

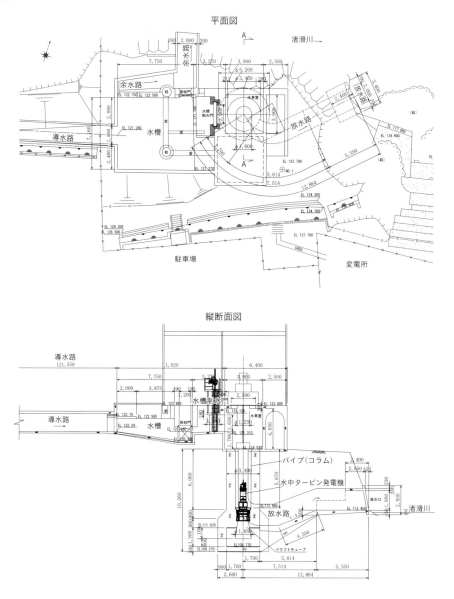

図 19・7　発電所の平面図と縦断面図

表 19・1　旧発電所の発電諸元表

項目		単位	諸元	備考
発電計画	水系・河川名	—	渚滑川水系渚滑川	
	発電方式	—	流れ込み式・水路式	
	流域面積	km²	456.52	
	取水位	EL.m	123.140	
	放水位	EL.m	113.740	
	総落差	m	9.400	
	最大使用水量	m³/s	2.20	水利権　4.40
	有効落差	m	6.97	
	最大出力	kW	112	
設備諸元	堰　形式	—	重力式コンクリート	既設渚滑川取水堰
	堤高	—	2.360 m	
	堤頂長	—	48.800 m	
	形式	—	重力式コンクリート	既設札久留川取水堰
	堤高	—	1.520 m	
	堤頂長	—	32.700 m	
	取水口		鉄筋コンクリート造り 延長 8.67 m	
	導水路	—	蓋渠　延長 121.559 m	
	水槽		鉄筋コンクリート造り　開渠	
	水圧管路	—	—	
	発電所		半地下式	
	放水路		蓋渠：延長 11.691 m	
	水車	—	縦軸フランシス	

表 19・2　再開発発電計画諸元表

項目		単位	諸元	備考
発電計画	取水位	EL.m	123.140	現状
	放水位	EL.m	114.240	見直し
	総落差	m	8.900	放水位見直しによる変更
	最大使用水量	m³/s	4.40	既得水利権全量
	有効落差	m	7.20	取水量等の変更による見直し
	最大出力	kW	250（効率試験後 260kW に変更）	取水量増による変更
設備諸元	取水口		鉄筋コンクリート造り 延長 8.67 m	一部改造
	導水路	—	蓋渠　延長 121.559 m	一部改造
	水槽		鉄筋コンクリート造り　開渠	一部改造
	発電所		半地下式	一部改造
	放水路	—	蓋渠：延長 11.691 m	一部改造
	水車・発電機	—	水中タービン発電機（誘導）	新設

19 滝上芝ざくら発電所

表 19・3　土木設備の改造および新設箇所一覧表

項　目	改　造	新　設
取　水　堰	既設利用，排砂路修繕	—
取　水　口	既設利用，溺堤一部取り壊し，排砂路修繕，制水門に自動制御機構を付加し冬季運転を考慮して四方水密に改造	網羽，パイプスクリーン　バースクリーン，自動除塵機
導　水　路	既設利用	—
水　　　槽	既設利用，既設バースクリーン撤去，コンクリート劣化部修繕	制水門（急速降下機能あり）
余　水　路	既設利用，排砂路修繕	—
発　電　所	基礎部掘削および水車周りのコンクリート打設	水車発電機更新
放　水　路	既設利用，ドラフト部掘削およびコンクリート打設	—
放　水　口	既設利用	—

図 19・8　新設した水中タービン発電機

配慮や工夫，特徴的な施設

再開発にあたって，次のことについて配慮しました．

① 未利用水（2.2 m³/s から水利権の 4.4 m³/s に使用水量を増加）を有効利用して発電所出力を 112 kW から 260 kW に増加し，自然エネルギーの有効活用と CO_2 を削減しました．

② 発電所故障停止など余水溢水放水時の注意喚起モニタ・音声放送設備を設置して，河川安全対策を強化しました（図 19・9）．

　河川敷遊歩道もあることから，平常時は余水路溢水時の注意喚起周知と

町観光映像を放映しています.
③ 保守事務所向けに遠隔監視設備を設置して,予防・予測保全と障害時の即応・解析する体制を強化しました.
④ 取水口に網羽・パイプスクリーン・バースクリーン・自動除塵機を設置して,塵芥や流氷雪の流入による取水障害を軽減し発電所の安定運転向上を図りました(図19・6参照).
⑤ 発電所名を「滝の上」から滝上町の観光名所である芝ざくら公園から「滝上芝ざくら」に変更するとともに,発電所本館外壁に芝ざくらをプリント,敷地内に芝ざくらを植栽して地域の皆様に親しまれる発電所としました(図19・10).
⑥ 発電機軸受は油潤滑方式から,ころがり軸受を使用し河川への油流出拡大防止を図りました.
⑦ 水車側のランナ・ガイドベーンは固定のため,流量調整は取水口制水門を自動制御,水車・発電機故障時の緊急停止用に水槽制水門に急速降下機

図19・9 余水溢水放水状況と注意喚起モニタおよび放送設備

図19・10 発電所本館外に芝ざくらをプリント

19 滝上芝ざくら発電所

能を追加して,水車・発電機の安全性を確保しました.

その他

再開発工事を振り返って:当初の再開発計画では,落差・流量・水車発電機効率から最大出力は 250 kW でしたが,有水試験の結果 10 kW 増の 260 kW としました.

既設の撤去および修繕工事を平成 25(2013)年 5 月から開始し,滝上町と地域の皆さんに多くのご支援とご協力を頂き,無災害で同年 12 月に運転を再開しました.

町市街地の住宅地域であり,工事期間中の騒音・振動や車両の出入りなどにもご理解を頂けるよう,工事の目的や内容について都度訪問して説明を行うこと,またチラシ配布で直接顔を合わせて説明することが大切であることを実感しました.

連絡先

1) ほくでんエコエナジー株式会社　発電事業部　http://www.hokuden-eco-energy.co.jp/
北海道札幌市中央区大通 1 丁目 14 番地 2　桂和大通ビル 50　5 階
TEL 011-221-7798

Column ⑤ ドイツの山村で引き継がれる小水力

チェコとオーストリアの国境に接するドイツの山村，ノイライヒェナウ（Neureichenau）には，小さな水力発電所がたくさんあります．最初の発電所は，電化されていなかった100年近く前，村に電気を供給するために村人によってつくられました．ここで紹介する小水力発電設備の更新事例も，その当時に整備された発電所の一つです．

ノイライヒェナウの主産業は，林業と製材業です．水車で水力を利用する製材は，1700年代から行われていたといいます．このため，水力を利用するために引かれた水路が，村のあちこちを走っています．そのうちの一つが，いまも村の経済を支えている製材所の建物の中を通過しています．その水路を500mほど上流まで追って行くと，小川のGroβer Michelbachの先の森の中に古い建物（図①）がみつかります．この建物がResch水力発電所です．Resch発電所は，Groβer Michelbachから0.45m³/sを取水し，落差25mを確保するために図②のような木製の管路で約700m導水（2か所の河川横断を含む）し，さらに中古のフランシス水車を購入して最大出力73kWの発電所として1927年につくられました．しかし，様々な障害があったため，水量変動などへの対応を考慮して2台の水車発電機（Resch1と2）で構成する発電設備とし，本格的に稼働を始めたのは20年後の1947年だったそうです．

図①　Resch小水力発電所　　　　　　図②　木製導水管

更新前の水車発電機の様子は図③のとおりで，Resch1と2ともタービン，発電機，タービン用油圧装置を改修することで，図④，表①のような発電設備として再生されました．図④からわかるようにResch1は水車と発電機が異様に離れているので，理由をたずねました．回答は，1927～1947年の間，水車の回転軸の回転エネルギーを直接動力として利用するために様々な装置を設置していたときの機器配置を，改修コストを抑えるために変更しなかったからだそうです．合理性を優先するドイツ人気質を見た気がしました．

19 滝上芝ざくら発電所

図③　改修前の水車発電機

図④　改修後の発電設備（右が Resch 1）

表①　更新後の仕様

	Resch 1	Resch 2
改修年	2009	2010 水車タイプ
水車タイプ	フランシス水車	フランシス水車
落差	22.5 m	22.5 m
流量	0.32 m³/s	0.10 m³/s
ランナ径	300 mm	200 mm
出力	63 kW	18 kW
回転数	1 020 rpm	1 020 rpm

第7章 復活

　大正〜昭和初期に建設された発電所のなかには，小規模で採算性が悪いと判断されたり，老朽化したりして，すでに廃止された発電所がいくつかあります．昭和20〜30年代に一時ブームになって建設された小水力発電所のなかにも，災害やむを得ない事情ですでに廃止されてしまったものが少なくありません．

　これらの廃止発電所は，残されている既設設備を一部流用することができれば，整備費の削減が可能です．一方で，既設施設の所有者確認や水利権の再取得などの手続きに手間取ることも少なくありません．しかし，多くの廃止発電所は，小水力発電の適地であることが，すでに確認されている場所に設置されているといってよいでしょう．かつて小水力発電所が近くにあったという話を聞いたことがある人は，ここで事例を参考に小水力発電に取り組めるかもしれません．

20 復活／景観 新曽木発電所

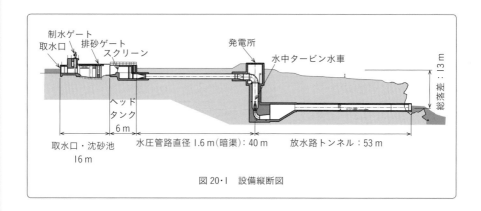

図20・1　設備縦断図

沿革

　新曽木発電所は，すでに廃止された曽木第1発電所（運転開始明治40（1907）年，廃止明治42（1909）年）と曽木第2発電所（運転開始明治42（1909）年，廃止昭和40（1965）年，平成18（2006）年有形文化財登録，平成19（2007）年近代化産業遺産認定）の導流壁，取水口および沈砂池を活用した流れ込み式の発電所で，その諸元は仕様に示すとおりです．

　旧大口市（現在の伊佐市）は，平成15（2003）年NEFのハイドロバレー計画に応募し曽木の滝に遺されていた取水設備を利用した発電所の建設を検討しましたが実現には至りませんでした．この検討業務を実施したのが日本工営（株）です．

図20・2　旧発電所取水設備

図20・3　取水設備

仕　様

発電所名：新曽木発電所
所 在 地：鹿児島県伊佐市
運転開始年月：平成25（2013）年5月7日
所 有 者：新曽木水力発電(株)（日本工営(株)100％出資の事業会社）
目　　的：地域貢献として学習型観光設備として建設
発電の形式／方式：流れ込み式
最大出力〔kW〕：490 kW
常時出力〔kW〕：460 kW
最大使用水量〔m^3/s〕：5.5 m^3/s
有効落差〔m〕：11.6 m

取水／放水

河川名／水系名（級別）：川内川／一級河川
取 水 位〔m〕：EL.164.000 m
放 水 位〔m〕：EL.150.860 m
流域面積〔km^2〕：732.7 km^2

設　備

水車発電機：最大出力 490 kW，日本工営(株)
水　　車：立軸固定翼コンパクトプロペラ水車
発 電 機：立軸三相誘導発電機
取水施設：導流壁
導 水 路：コンクリート製
調圧設備／ヘッドタンク：コンクリート製
水 圧 管：高耐圧プラスチック管
放 水 路：トンネル（コンクリートライニング）
関連施設の諸元：放水口巡視架台（床板・側面すべて透明ガラス張り）

　日本工営は豊富な水力開発技術を生かすべくCRS（企業の社会的責任）のもと，CO_2削減に効果的な小規模水力発電推進に取り組み，過去に実施した調査地点の見直しを独自で実施していきました．そこで，曽木の滝に旧発電設備を活用した発電所の概略再検討を行い，開発可能との評価が得られたことから伊佐市へ開発の打診を行いました．伊佐市は水力発電学習型観光のために再度旧設備を利用した水力発電開発を模索していたこともあり，伊佐市と日本工営は共同で発電開発

図20・4　水車・発電機の模型

図20・5　放水口の巡視架台

20 新曽木発電所

へ乗り出すことになりました．平成23（2011）年に日本工営は100%出資の事業会社である新曽木水力発電（株）を設立して，建設・運営・維持管理にあたらせることにしました．

取水設備・沈砂池は既設設備を補強・補修して再利用しました．ゲートはピンラック式電動ゲートを設置し，洪水時の土砂流入を防ぐために自動的に閉塞するシステムとしています．沈砂池に除塵機を設置し，自動的にごみを除去することで現場管理者の負担を低減しました．

公園内であることから景観に配慮してヘッドタンクから圧力管路・発電所・放水路は地下式としました．このため水車発電機の見学ができないことから図20・4の模型を展示して学習ができるように配慮しました．

放水口に巡視架台を設置し，見学者が発電後の流水が見えるようにしました．図20・5に示すようにフレームは鋼材ですが，床・側壁に高強度ガラスを採用し流水を見やすくしています．

配慮や工夫，特徴的な施設

(1) コストダウン

曽木の滝がある川内川は九州で第2の大河であり，豊富な水量に恵まれています．新曽木発電所は曽木の滝の上流から取水し滝の下流に放水することになり

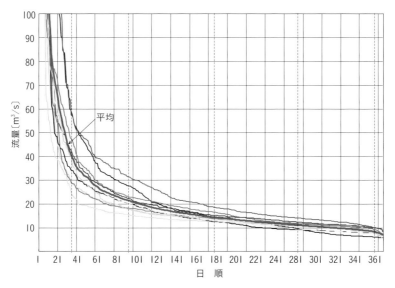

図20・6 取水地点の流況図（平成11年～平成20年の流況特性）

ます．つまり，減水区間に曽木の滝があります．そこで，景観に配慮して最大使用水量を 5.5 m³/s に抑えた計画としました．図 20・6 に取水地点の流況図を示しました．本来であれば 40 m³/s 程度の発電所を建設できることがわかってもらえると思います．

　しかし，最大使用水量を抑えたことにより設備使用率が 90% を超え，結果として採算性に大きく寄与することになりました．また，圧力管に高耐圧ポリエステル管（径 1.6 m）を採用しコストダウンを図っています（図 20・7）．

　一般的には，最大使用水量 5.5 m³/s・有効落差 11 m 程度の水車発電機はプロペラ水車（チューブラ水車またはカプラン水車といわれる）を採用します．しかし，チューブラでは立坑が平面的に大きく景観に影響を及ぼすことから立軸コンパクトプロペラ水車を採用しました．これにより景観に及ぼす影響を最小限にするとともに，土木工事費の低減に寄与しています．

図 20・7　高耐圧ポリエステル管

(2) 合意形成・地域貢献

　伊佐市は，再生可能エネルギーの学習のため公園内に観光拠点施設を建設し

図 20・8　観光拠点施設（左）と発電所管理棟（右）

図 20・9　発電所管理棟に設置した制御盤

20 新曽木発電所

ました．

　制御装置を設置している管理棟を観光拠点施設に併設し，管理棟側壁に大窓を取り付けるとともに制御盤前面をアクリル板とし見学者に内部の機器を見ることができるようにしています．

　また，これまでは曽木の滝の瀑布を見ることができる展望台には車いすを必要とされる見学者が行くことが困難でした．そこで，工事用道路をバリアフリー道路仕様に整備しました．

　このように，見学者・観光客に配慮した発電所を建設することを地元に説明し，伊佐市の支援もあり合意形成に役立ちました．このような取り組みが地域貢献としても大きく寄与したものと考えています．

その他

　曽木第1・2発電所は，電気化学工業の父と称される野口遵（のぐちしたがう：1873～1944年）により建設されました．野口遵は，明治39（1906）年に鹿児島県伊佐郡大口町（現在の伊佐市）に曽木電気(株)を設立して発電事業を開始し，カーバイトの製造を始め，その後事業を拡大させ，現在のJNC（チッソ），旭化成工業，積水化学工業の前身である日窒コンツェルンの創始者です．

　一方，日本工営の創設者である久保田豊（くぼたゆたか：1890～1986年）は，東京大学土木工学科を卒業後内務省に入り河川改修工事に従事していました．朝鮮半島における水力発電開発構想を日本窒素肥料(株)の野口遵に進言し，野口の下で朝鮮の電力開発に乗り出し全朝の電力運営を行いました．終戦時までに計画・運転・建設中の設備を含めると400万kWに上り，特に昭和16（1941）年に竣工した鴨緑江水豊発電所は，当時ダム体積で世界最大の規模を誇っていました．終戦後日本へ引き上げ昭和21（1946）年に新興電業(株)(昭和22（1947）年に日本工営へ社名変更）を設立しました．

　曽木第1発電所は明治42（1909）年に川内川の大洪水により流失し，曽木第2発電所はたびたびの川内川の大洪水を防ぐため下流に鶴田ダムが建設されるとともにダムの湖底に沈み昭和40（1965）年に廃止されました．導流壁，取水口，沈砂池，開渠はそのまま残置されて現在に至っていました．このように，曽木第1・2発電所を建設した野口遵と新曽木発電所を建設した日本工営の設立者久保田豊とのつながりは，戦前の朝鮮半島にあったのです．

参考文献

1) 福田真三：再生可能エネルギー発電設備の小型・産業用途を中心とした導入・運用展開，第8章第3節，情報機構，2013.9.24
2) 大吉紗央里，河合　力，滝口雅志，ファイアンめぐみ：日本史100人ファイル近代日本の創業者100人，世界文化社，2011.9.5
3) 三十五周年行事委員会：日本工営三十五年史，日本工営，昭和56年6.7

21 落合楼発電所

復活／環境

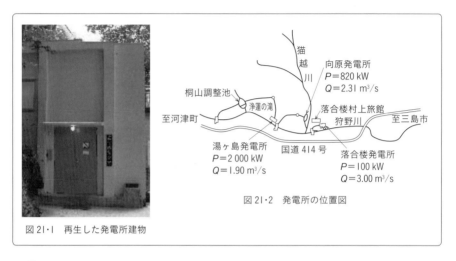

図 21・1 再生した発電所建物

図 21・2 発電所の位置図

沿革

　落合楼発電所は，静岡県伊豆市湯ヶ島で明治 7（1874）年創業，山岡鉄舟・島崎藤村・北原白秋など多くの文人達が訪れた老舗旅館「落合楼」が，昭和 28（1953）年 8 月に自家用として設置した出力 100 kW の流れ込み式発電所です．

　昭和 33（1958）年の狩野川台風の被害を受け，廃止，再設置を行うなどして平成 7（1995）年ごろまで順調に運転を行ってきましたが，設備の老朽化に伴い漏油がひどく運転を中止しました．また，旅館経営が悪化し，平成 14（2002）年 5 月に民事再生法を申請し，旅館自体は営業譲渡されたものの，発電設備はそのまま放置された状態でありました．

　東京発電（株）は，大規模な森林伐採，河川工事等，自然に負荷をかける従来の一般水力発電所の建設スタイルに代わる新たな取り組みとして，廃止され，使用されていない発電所設備の有効利用をすることで，環境への負荷を可能な限り軽減するとともに，周辺環境にも配慮し，地域に受け入れられやすい発電所として再生する事業を開始しました．

　この事業の第 1 号として，平成 16（2004）年に落合楼発電所の本格的な調査を実施し，水利権の譲渡や建物の取得に向けて動き出しました．平成 17（2005）

仕　様

発電所名：落合楼発電所
所 在 地：静岡県伊豆市湯ヶ島釜石 2676-1　　運転開始年月：平成 18（2006）年 8 月
所 有 者：東京発電(株)　　　　　　　　　　　目　　　的：売電
発電の形式／方式：一般水力発電／流れ込み式
最大出力〔kW〕：100 kW　　　　　　　　　　最大使用水量〔m^3/s〕：3.00 m^3/s
有効落差〔m〕：4.80 m

取水／放水

河川名／水系名（級別）：狩野川水系狩野川
流域面積〔km^2〕：59.1 km^2

設　備

水　　車：横軸プロペラ水車，最大出力 120 kW，（株）東芝
発 電 機：三相誘導発電機，最大出力 132 kW，（株）東芝
制御・連系装置：高圧連系，随時巡回方式
取水施設：有　　　　　　　　　　　導 水 路：有
調圧設備／ヘッドタンク：有　　　　放 水 路：有

図 21・3　再生前のえん堤の状況

図 21・4　再生前のえん堤排砂門の状況

21 落合楼発電所

図21・5 再生前の取水口の状況

図21・6 再生前の沈砂池の状況

図21・7 再生前の発電機

図21・8 再生前の発電所建物

図21・9 再生した取水えん堤

図21・10 再生した取水口

図21・11　再生した沈砂池

図21・12　再生した水車発電機

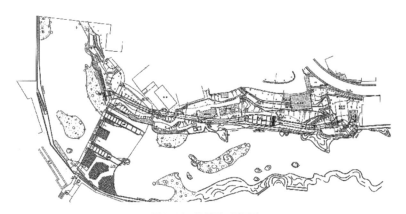

図21・13　発電所の平面図

年11月に河川法や電気事業法の手続きを行い，許可後，取水設備の改造，水車発電機の取替，発電所建物の修繕工事を実施，平成18（2006）年8月に運転を開始しました．

21 落合楼発電所

🔆 配慮や工夫，特徴的な施設

(1) 水利権取得

当初落合楼発電所は，水利権が残っており水利権を譲受後，水利期間更新を行う予定で考えていましたが，国土交通省から「10年以上発電を停止し取水していないのは，遊休水利権にあたる」との見解が示され，新規扱いとして河川維持流の検討が必要と主張されました．

このため，河川調査を行うとともに，漁業関係者からの聞き取りを行ったうえで国交省などと協議を重ね，放流量は一般的な目安となっている新規水利取得の場合（$0.6 \mathrm{m}^3/\mathrm{s}/100 \mathrm{km}^2$）より少ない $0.423 \mathrm{m}^3/\mathrm{s}/100 \mathrm{km}^2$（実流量 $0.25 \mathrm{m}^3/\mathrm{s}$）となりました．

(2) 落合楼村上旅館

計画の段階から竣工まで，きめ細かく協議を重ねました．特に，旅館ロビーからの景観確保，旧発電所が運転していた当時は湖面にボートを浮かべて船遊びをしていたことから，「美しい湖面を復活して欲しい」との思いがありました．

完成後，美しい湖面が蘇るとともに狩野川鮎つりのスタート地点であったえん堤では，魚道からの維持放流により鮎の遡上も確認され，落合楼村上旅館をはじめ関係者に喜ばれています．

(3) 河川環境に配慮した SR 合成起伏堰の採用

既設えん堤は，堤体2か所に洪水吐きの機能を有する切欠き部が配置されています．この切り欠き部に起伏堰を設置することで，常時は起立させ河川をせき止め，洪水時には倒伏させて洪水を流下させ，自動制御機能により的確な河川管理ができるように工夫することとしました．

起伏堰の機種選定にあたっては，当地点が全国的にも有数の鮎つりのメッカ

図 21・14　SR 合成ゴム堰（上流より）

図 21・15　SR 合成ゴム堰（下流より）

である狩野川本流であることから，河川環境に配慮した機種選定が必要でした．また，工事現場が旅館に隣接するため，営業に影響を与えずに設置が可能なこと，設置費用が低廉であることなどを考慮した結果，操作機構に油を使用しないことから漏油の心配がなく，騒音・振動が軽減される工法で設置が可能なSR合成起伏堰を採用することとしました．SR合成起伏堰の「S」とは「スチールパネル」，「R」とは「ゴム引布」の略称です．

図21・16　魚道（改修後）

(4) 魚がのぼりやすい魚道への改修

発電所再生前は，2か所の魚道に水が流れていなかったため魚がのぼれない状態であり，1か所は魚道末端部が河川まで到達していないために機能を果たせない状態でした．

魚道整備にあたっては，対象魚種をアユ・アマゴとし，これらの成魚が河川をのぼる際に必要な遊泳速度・最小幅・最小水深および休憩スペースが確保できるよう魚道隔壁の切欠き幅・高さを決定しました．また，河川に到達していない魚道を河川まで延長し，新たに河川維持流量を放流することで，魚がのぼりやすい魚道に改修しました．

(5) マイクロ水車の採用

当初計画では，既設水車・発電機を修理し流用する計画でしたが，河川への潤滑油の流出防止および既設設備のメンテナンス部品調達の困難さから，新たな水車発電機を設置することとしました．

水車の機種選定については，マイクロ水力発電事業（「Aqua μ（アクアミュー）」）で採用している汎用品のマイクロ水車を採用しました．これにより，油流出のリスクは払拭されるとともに，安定した発電が可能となりました．

連絡先

1) 東京発電ホームページ　http://www.tgn.or.jp/teg/

22 復活 須雲川発電所

図22・1　発電所の位置図

沿革

　須雲川発電所は，昭和29（1954）年3月に神奈川県箱根町の旅館が自家消費用として開発しました．しかし，設備の老朽化等により昭和59（1984）年8月に発電所を廃止し，設備は箱根町の所有となっていました．

　切迫している電力供給事情への寄与および再生可能エネルギー利用拡大を図るべく，平成25（2013）年2月より工事を開始し，平成25（2013）年8月に運転を開始しました．

図22・2　再生前の取水えん堤の状況

図22・3　再生前の取水口の状況

仕　様

発電所名：須雲川発電所
所 在 地：神奈川県足柄下郡箱根町畑宿 418-3
運転開始年月：平成 25（2013）年 8 月　　所 有 者：東京発電（株）
目　　的：売電
発電の形式／方式：一般水力発電／流れ込み式
最大出力〔kW〕：190 kW　　　最大使用水量〔m^3/s〕：0.58 m^3/s
有効落差〔m〕：42.19 m

取水／放水

河川名／水系名（級別）：早川水系須雲川
流域面積〔km^2〕：10.77 km^2

設　備

水　　車：横軸フランシス水車，最大出力 203 kW，田中水力（株）
発 電 機：三相誘導発電機，最大出力 213 kW，安川電機（株）
制御・連系装置：高圧連系，随時巡回方式
取水施設：有　　　　　　　　　　　導 水 路：有
調圧設備／ヘッドタンク：有　　　　水 圧 管：有
放 水 路：有

　須雲川は，大観山（標高 1012 m，かつての箱根外輪山のひとつ）を水源とする本流と，二子山（上二子山，標高 1099 m，下二子山，標高 1065 m）を源流とする支流などからなり，須雲川発電所は本流より毎秒 0.58 m^3 を取水し，約 40 m の落差を利用して，年間約 110 万 kWh の電力量を発生させる見通しで，発生した電気は再生可能エネルギー固定価格買取制度を利用して全量電力会社に売電しています。

図 22・4　再生前の導水路の状況

図 22・5　再生前の水槽の状況

図22・6 再生前の水圧管路

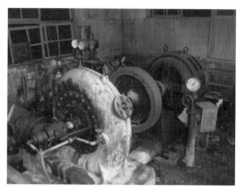

図22・7 再生前の水車発電機の状況

図22・8 再生前の発電所建物の状況

図22・9 再生した取水えん堤・取水口

図22・10 再生した導水路（送電線敷設）

図22・11 再生した水槽

図22・12 再生した水圧管路

22 須雲川発電所

図22・13 再生した水車発電機

配慮や工夫,特徴的な施設

(1) 各法令の手続き

　水力発電は水のエネルギーを利用して発電するシステムで,密接に関連する法律は「電気事業法」と「河川法」です.しかし,開発の可能性と難易度を左右する法律としては「自然公園法」,「自然環境保全法」,「森林法」,「河川法」の四つが特に重要です.

　法令には,公益性がなければ許可されない規定も含まれます.公益上の理由に,電気事業法に規定される「一般電気事業」,「卸電気事業」,「特定電気事業」,「特定規模電気事業」も該当しますが,電気事業者以外は事前に関係官庁との協議を進めておく必要があります.

　今回,主に行った法手続きを紹介します.

(2) 河川法

　須雲川は二級河川ですが,河川区域の始点が須雲川発電所放水口の下流となるため,発電所区域の河川管理者は市町村でした.箱根町に確認した結果,町の条例では砂防指定区域は,河川の扱いとしないとなっており,当発電所は砂防指定区域内であることから河川法に基づく水利権の取得は必要ないことがわかりました.

(3) 自然公園法

　須雲川発電所は,富士箱根伊豆国立公園内に位置し,第2種特別地域に該当しているため,工作物の新築,改築および河川水位・水量の増減の許可申請が必要でした.

(4) 森林法

　現地調査した結果，発電設備は保安林区域内に設置してあることを確認しました．そのため，神奈川県森林課と協議した結果，本来ならば，公益上の理由（公共用道路の建設，送電施設の設置など）により電気事業者などでなければ保安林解除を行うことができないのですが，すでに設備が区域内に存在していることから過去の経緯を整理して最小限の範囲で保安林を解除することができました．

(5) 道路法

　発電所建設のための資機材運搬は，既設設備の立地条件から箱根新道に隣接する水槽脇からモノレールにより運搬するしか方法がありませんでした．しかし，道路占用物件の設備維持のための工事という理由で作業許可が下りました．

23 蓼科発電所

復活／リパワー／景観

図 23・1 再生した発電所建屋（改築）

沿革

長野県茅野市郊外の蓼科高原は，湧水と温泉水に恵まれた風光明媚な地であるが，湯温が低く薪による加熱に経費と労力を要していました．そこで旅館業者などで組織する「蓼科開発農業協同組合」が，昭和27（1952）年8月，地元を流れる小斉川を利用した水力発電を計画し，約3400万円をかけて昭和29（1954）年に完成したのが，旧蓼科発電所です．以来，40年有余にわたり，各旅館の温泉水の加熱，蓼科湖のライトアップ，養魚場の誘蛾灯などに利用され，蓼科高原が避暑地，観光地として発展した元祖的位置付けにありました．

しかし，設備の老朽化が進んだことから，存続を望まれながらもスクラップ

図 23・2 再生前の取水口

図 23・3 再生前の導水路（開渠）

仕　様

発電所名：蓼科発電所
所 在 地：長野県茅野市北山 4035-983
所 有 者：三峰川電力（株）
発電の形式／方式：一般水力発電／流れ込み式
最大出力〔kW〕：260 kW
有効落差〔m〕：64.55 m（最大）/ 68.07 m（常時）
使用水量〔m³/s〕：0.53 m³/s（最大）/ 0.30 m³/s（常時）
回転速度〔min⁻¹〕：1200 min⁻¹

運転開始年月：平成 23（2011）年 6 月
目　的：売電

常時出力〔kW〕：150 kW

周 波 数〔Hz〕：60 Hz

取水／放水

河川名／水系名（級別）：天竜川水系小斉川（普通河川）
取 水 位〔m〕：EL.1312.200 m　　　放 水 位〔m〕：EL.1241.950 m
流域面積〔km²〕：0.13 km²

設　備

取水施設：有　　　　　　　　　　取水ダム：有
導 水 路：有　　　　　　　　　　ヘッドタンク：有
水圧管路：有
水　　車：横軸フランシス水車，最大出力 282 kW，田中水力（株）
発 電 機：三相誘導発電機，最大出力 260 kW，440 V

　業者に売り渡す声が出るまでに維持管理費が嵩み，平成 19（2007）年 5 月に供給停止に至りました．
　三峰川電力（株）は隣接する伊那市で発電所を運営していることから，「再生可能エネルギーとしての小水力発電を復活したい」という地元の声を受け，設備および事業を協同組合から譲り受け，ほぼすべての設備を更新して再生しました．認可出力 250 kW の旧設備を有効落差および最大使用水量，水車型式は変えず，発電機を同期機から誘導機としましたが，水車効率の向上で最大出力は 260 kW

図 23・4　再生前の水槽

図 23・5　再生前の水圧管路

23 蓼科発電所

図 23・6　再生前の発電所建物

図 23・7　再生前の横軸フランシス水車と同期発電機

となり，安定した水量により年間発電電力量は180万kWhを超えています．

図 23・8　再生前の配電盤と所内回路

図 23・9　再生した取水口

図 23・10　再生した導水路（グレーチング）

図23・11 再生した水槽

図23・12 再生した水圧鉄管

図23・13 再生した横軸フランシス水車と誘導発電機

図23・14 再生した水車発電機と制御盤

配慮や工夫，特徴的な施設

(1) 蓼科発電所の水利使用許可

小斉川は普通河川ですが，昭和29（1954）年当時の旧発電所は長野県知事から許可を受けていました．そのため茅野市が水利権者を引き継ぎ「蓼科開発農業協同組合」から三峰川電力が水利権を譲り受けました．

(2) 旅館の床下を這う水圧鉄管

旧発電所が運転しているにもかかわらず，水圧鉄管上に旅館の建物が増築されており，老朽化した鉄管が建屋床下を這う状態となっていました．この水圧鉄管を取り替えるため，土地については一部買収と地上権設定を行い，工事については急傾斜地は鉄管，建物地下他はFRPM樹脂管を採用して施設しました．

(3) 観光地と発電立地の調和

導水路は当初開渠であったが，グレーチングを全域に設置し，一般公衆の転

落防止と落ち葉等の流入防止を図っています．

また，別荘地を通過している箇所や観光客の目につく箇所への構造物については，塗装色はもとより騒音や振動にも配慮した最新機器を積極的に導入することで，観光地である蓼科高原の景観や雰囲気を損ねることがないように配慮しました．

図 23・15　旅館床下を這う水圧鉄管（FRPM 管）

(4) 維持管理

旧設備は発電所に 1 名が常駐し，4 名交替による運転を行っていましたが，新発電所は三峰川第一発電所で遠隔監視制御を行い無人化しました．さらに，自動除塵機の設置と当初開渠であった導水路の全域にグレーチングを設置し，一般公衆の転落防止と落ち葉等の流入防止による保守の軽減を図りました．

図 23・16　別荘の庭先を通る導水路

(5) 発電所再生の手続き

発電所再生には経済産業省「新エネルギー等事業者支援対策事業」の申請を行い，1/3 の補助金を受給しました．

(6) 環境への配慮

ガイドベーンサーボの電動化と冷却水レスによりメンテナンスの軽減と環境負荷の軽減を図っています．

その他

茅野市では環境未来都市研究会というのがあり，その中の小水力発電分科会において小水力発電事業を推進しています．

三峰川電力は，蓼科発電所の再開発に続き，同市において平成 26（2014）年

1月蓼科第二発電所141kWを運転開始し，さらに，蓼科第三，第四発電所の建設計画を進めていることから，再生可能エネルギーの有効活用と地産地消による地域の活性化に積極的に取り組む企業として評価を受けています．

第8章
農業用水

　かんがい排水のために消費する農事電力量は，全国で15億kWh/年を超えます．地形を活かして自然流下でかんがい排水することを原則としている限り，農業用水はエネルギーを消費しない水利といってよいでしょう．たとえば，田越しで配水する棚田は，きわめて合理的なかんがいのしくみをもっているといえます．

　一方で，広い水田がある低平なところでは，自然流下による配水が難しくなるため，ポンプなどを使う，エネルギーを消費する用水が必要になります．しかし，わが国の多くの河川は河口から10～20kmより上流になると，河床勾配が1/2000より急になり，自然流下による配水が可能です．エネルギーを消費しない配水が可能な水田は，案外多いのです．上～中流域では，1/100より急な地形に分布する水田も少なくありません．そのような土地にある農業用水路や溜池は，すでに水を運んだり，貯めたりする施設として整備されているので，ここで取り上げた事例のように小水力発電に利用できる場合があります．

24 仁右ヱ門用水発電所

農業用水／フランシス／水利／建屋

図 24·1 発電所建屋（田園地帯に溶け込むなまこ壁の米蔵をイメージしたデザイン）

沿革

富山県では，地球温暖化防止の観点から温室効果ガスを排出しない環境にやさしい純国産エネルギーである水力発電の導入に積極的に取り組んでいます．このような施策の一環として，平成21（2009）年12月に農業用水路を利用した小水力発電として仁右ヱ門用水発電所を建設しました．

当時，富山県企業局として水力発電所を建設するのは8年ぶりで，しかも農業用水路を利用するのは初めてだったこともあり，事業実施に必要な手続きがすべて円滑に進められたわけではありませんでした．

まず，地元の賛同を得るため数次にわたる条件提示により協議を行いました．必要な用地取得についても地権者と話し合いを重ね，何とか協力を得ることができました．また，水利使用許可の審査では，用水路内の生態系への影響や，発電取水を行って本来の用水の機能を損なうことはないかなどについて協議を重

図 24·2 取水口（既存の仁右ヱ門用水に自動転倒ゲートを設置し，写真左下の取水口より導水）

仕　様

発電所名：仁右ヱ門用水発電所
所　在　地：富山県中新川郡立山町東大森 58-2
運転開始年月：平成 21（2009）年 12 月　　所　有　者：富山県企業局
目　　　的：売電
発電の形式／方式：流れ込み式
最大出力〔kW〕：460 kW　　　　　　　　　常時出力〔kW〕：360 kW
最大使用水量〔m³/s〕：2.40 m³/s　　　　　有効落差〔m〕：24.48 m

取水／放水

河川名／水系名（級別）：一級河川，常願寺川水系常願寺川
取　水　位〔m〕：EL129.600 m　　　　　　放　水　位〔m〕：EL102.320 m

設　備

水　　　車：横軸単輪単流渦巻フランシス水車，最大出力 493 kW，（株）中川水力
発　電　機：横軸出口ダクト通風かご形三相誘導発電機，最大容量 470 kW，桑原電工（株）
取　水　口：鉄筋コンクリート造，高さ 1.30 m，幅 2.70 m，延長 6.75 m
調圧設備／ヘッドタンク：鉄筋コンクリート造，高さ 1.72〜4.35 m，幅 1.8〜2.0 m，
　　　　　　　　　　　　延長 27.45 m
余　水　吐：鉄筋コンクリート造，高さ 1.58〜2.08 m，幅 0.9 m，延長 15.0 m
FRPM 管：内径 1.35 m，管厚 27 mm，管胴長 1386.748 m
鋼管（SS400）：内径 1.35 m，管厚 9〜12 mm，管胴長 20.894 m
放　水　路：鉄筋コンクリート造，高さ 1.1〜1.8 m，幅 2.5 m，延長 20.395 m
放　水　庭：鉄筋コンクリート造，高さ 1.8〜3.0 m，幅 2.5〜3.8 m，延長 7.3 m

ね，協議開始から水利使用許可まで 17 ヶ月を要しました．
　平成 20（2008）年 1 月の建設計画の公表から運転開始まで 2 年と短い期間でしたが，多くの関係者の方々からご理解，ご支援をいただき，無事に竣工・運転開始することができました．

図 24・3　沈砂池兼ヘッドタンク（ヘッドタンク末端の除塵機にて用水を流下してくる塵芥を除去）

24 仁右ヱ門用水発電所

図 24・4　水車（写真左側の管路から渦巻ケーシング⇒ランナを通り、手前側のドラフトから放水）

配慮や工夫，特徴的な施設

(1) 使用水量

発電の使用水量は，農業用水の使用水量以下であり，完全従属水利となっています．非かんがい期は用水の流量も減るが，減水区間の維持流量（0.05 m³/s）については，ヘッドタンクの維持放流バルブから常に確保しています．

(2) 自動転倒ゲート

取水堰は自動転倒ゲートを採用しています．発電機停止等による水位上昇時は自動的に転倒し，取水口地点の急激な水位上昇を抑えています（転倒水位はフロートにて調整可能）．

図 24・5　ヘッドタンクの維持放流バルブ

図24・6　取水堰(自動転倒ゲート)

(3) 水圧管路

　水圧管路は樹脂性のFRPM管を採用し土木工事費を低減しています．FRPM管は，水田と用水の間に位置する管理用道路に埋設することとしていたため，地元との約束で稲刈り後の9月下旬から着手することとなっていました．そのため，約1400mの区間をわずか2ヶ月で敷設完了しています．

図24・7　水圧管路

(4) 環境への配慮

　農業用水路を利用した発電所であるため，水車は電動操作とし，漏油の危険性をなくすため操作機構には油を使用していません．また，近隣住民への騒音対策のため，発電所建屋内部には吸音材を施工しており，搬入口も二重シャッターを採用しています．

24 仁右ヱ門用水発電所

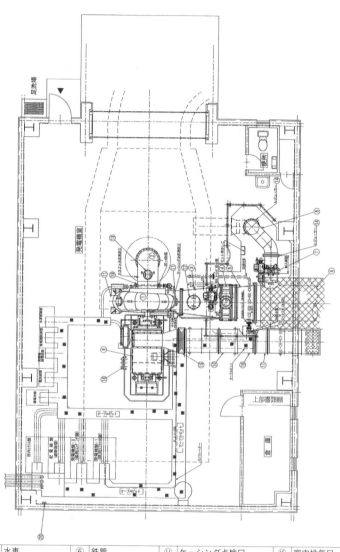

①	水車	⑥	鉄管	⑪	ケーシング点検口	⑯	室内排気口
②	ドラフト	⑦	放流弁	⑫	ケーシングマンホール	⑰	ダンパー
③	入口管	⑧	放流管	⑬	ドラフトベンド管点検口	⑱	計器盤
④	入口弁	⑨	発電機	⑭	レジューサー	⑲	ドラフト吸気管
⑤	テーパー管(短管)	⑩	発電機排気ダクト	⑮	フレキシブルジョイント	⑳	接地極

図 24・8　発電所の平面路

その他

　仁右ヱ門用水発電所の運転開始時には，取水口スクリーンに除塵機は設置していませんでした．しかし，用水路の法面の草刈りに伴う大量の草や強風時に一般の生活ごみが用水に落ちることによって取水口スクリーンが目詰まりを起こし，発電取水できずに事故停止することがたびたび発生しました．そこで，強風や草刈りによって，一度に大量の塵芥が流れてきても取水に影響がないように，除塵機をあとから設置しました．農業用水路に流下する塵芥の種類・量は，当初想定していた以上のものでした．

25 新青木発電所

農業用水／既存施設利用／経済設計

図 25・1　航空写真から観た位置関係

図 25・2　建屋全景

沿革

　当該地点は，すでにハイドロバレー計画開発促進調査が行われていたが，概算総事業費が約 14 億円という極めて高額であったことから，導入は見合わせざるを得ませんでした．しかしながら，平成 24（2012）年 7 月からの固定価格買取制度導入を見据え，検討委員会を組織し，概算設計書の見直しを行ったところ，当初事業費のほぼ半額程度で効率のよい発電所の設置が可能との判断に至り，同年，単独事業により実施設計書作成業務を発注しました．続いて，資源エネルギー庁への設備認証手続きならびに系統連系協議等を経て，平成 25（2013）年度の工事実施に至りました．

図 25・3　建屋内部（水車・発電機）

図 25・4　水槽内除塵機（鋼製スクリーン／レーキ式）

仕　様

発電所名：新青木発電所
所 在 地：栃木県那須塩原市青木地先　　運転開始年月：平成 26（2014）年 4 月
所 有 者：那須野ヶ原土地改良区連合　　目　　的：土地改良施設への電力供給等
発電の形式／方式：流れ込み式（水路式）
最大出力〔kW〕：500 kW　　　　　　　常時出力〔kW〕：200 kW
最大使用水量〔m³/s〕：1.4 m³/s　　　　有効落差〔m〕：44.00 m

取水／放水

河川名／水系名（級別）：那珂川水系 那珂川・木の俣川／戸田東用水路
取 水 位〔m〕：443.000 m　　　　　　　放 水 位〔m〕：394.950 m

設　備

水　　車：横軸フランシス水車，最大出力 460 kW，（株）中川水力
発 電 機：横軸三相誘導発電機，最大出力 500 kW，最大容量 600 kVA，安川電機(株)
制御・連系装置：随時巡回方式（自動通報装置設置）
取水施設：戸田東用水路（農業用水路）
調圧設備／ヘッドタンク：鉄筋コンクリート，無圧，開渠
水 圧 管：強化プラスチック複合管（FRPM 管），全長 2 145.843 m，最大内径 1 100 mm
放 水 路：下段幹線用水路（農業用水路）

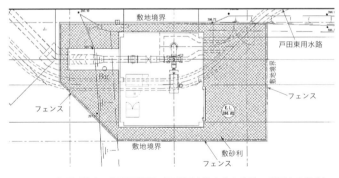

図 25・5　発電所地点の概略平面図（既設用水路を余水路等に利用する場合）

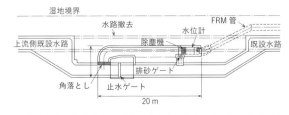

図 25・6　水槽地点の概略平面図（既設用水路を余水路等に利用する場合）

配慮や工夫，特徴的な施設

(1) 調査や計画時の工夫・配慮や省力化

水槽ならびに発電所周辺に民家が存在するため，除塵設備ならびに発電所建屋の騒音・振動対策を行いました．建屋のコンクリート腰壁を水車部まで立ち上げるとともに，内部および吸排口には全面的に吸音材を貼付しました．併せてシャッターは防音仕様としました．

(2) 水利・取水，発電計画や環境上の課題解決・工夫

自然公園地域・保安林指定区域・都市計画区域とも区域外であり，特段の問題点はありませんでした．

(3) 技術的工夫や採用した革新的・特徴的な技術・装置

扇状地特有の砂礫層が極めて厚く堆積している地形条件から，工事費の削減のため接地工事には導電性接地電極（多機能性接地抵抗低減剤）を利用したメッシュ施工を試みました（図25・7）．また，本発電所の水槽ならびに発電所沿線にはNTT専用回線または光回線の整備がなされていない区間のため，やむを得ず水槽水位伝送システムは無線を取り入れました．しかし，天候または周辺道路を往来するトラックやバスなどの搭載する無線機との混信により正常な伝達ができず，発電停止に至る事象が発生しています．混信の際にはチャンネルを自動で切り替えるよう設定しました．単に受信レベルが低下した場合には，自動切り替えは機能しないため，今後も引き続き，アンテナの形状やアンテナを高くするなどの改善を試みることとしています．

図25・7 導電性接地電極を利用したメッシュ施工状況

(4) 施工上の工夫や対策

施工期間がおよそ6ヶ月と短期間であったため，水圧管路は管割ならびに施工が容易なFRPM管材を採用しました．また，IP-2の同質曲管（コンクリート製ブロックとの併用）を鋼製異形管としました．

(5) コスト削減の方策や配慮

概算設計書の見直しを行い，事業費削減のため，地中深く施工されている既存用水路（馬蹄形トンネル部）は，水圧管の布設替えを行わないこととしました．

また，既存用水路を余水路等に利用することにより，発電停止時の用水管理に影響を及ぼさない仕組みとしました．

(6) 水利権取得や連系協議における対策や留意点

農業用水完全従属型のため，特に問題はありませんでした．

(7) 維持管理上の工夫や装置

自動通報装置の設置（インターメンテ方式）を導入し，管理労力の省力化に努めました．

(8) 関係者協議・調整や合意形成の戦略・対策，留意点や決め手

内部の合意形成に際しては，発電所導入予定地域の役員を検討委員会に加え，理事会・総会等決定機関への協力体制を確保しました．また，市道片側に水圧管を埋設するため，工事沿線の地域住民等へは計画の段階から説明会を実施し，協力体制の確保に努めました．

(9) 評価された（効果的な）環境対策や地域貢献など

年平均1170t/年のCO_2削減効果，メンテナンス要員等雇用の創出，全国各界からの視察受入に伴う，農業用水路を活用した小水力発電システムの啓発活動に貢献しました．

その他

ハイドロバレー計画開発促進調査による概算設計書の見直しは，地元代表を含めた当該組織の役員数名と職員，地元土建業，電力会社等の構成により検討しました．概算設計書では，出力確保のため戸田調整池の既設取水施設から下流の$L=444$mの馬蹄形トンネルを含む延長約$L=3100$mmを水圧管布設替えとしました．しかしながら，止水工事費が高額であり，落差の損失も水路勾配が1/2000と緩く約0.2m程度のため，発電に利用するのは得策ではないと判断し，馬蹄形トンネルは現状のままとし布設替えは行わないこととしました．この見直しに伴い，有効落差51mから44m，最大出力580kWから460kWへと変更しました．年間可能発電電力量2900kWhを想定し，短期間施工により無事完成しました．これらの経緯から，外注により得た設計書を鵜呑みにせず，自ら現地に足を運び徹底した検証がいかに大事であるか身をもって体験しました．

連絡先，関連URLなど

1) 那須野ヶ原土地改良区連合　http://www.nasu-lid.or.jp
　　TEL 0287-36-0632，FAX 0287-37-5334

26 城原井路発電所

農業用水／インバータ制御

図 26・1　城原井路発電所全景

沿革

　大分県内では，山がちな地形と水量豊富な河川という「地の利」を活かし古くから，水力発電所が多く建設されており，現在も約 50 か所の発電所が稼働中です．ダム式の大規模なものは少なく流れ込み水路式のものが多いことが特徴となっています．また，九州電力，県企業局のほかにも，土地改良区が事業主体となった発電所が存在しており，農業用水路を利用した小水力発電のポテンシャルは九州一とのデータもあります．

図 26・2　白水ダム（竹田市次倉）

図 26・3　石垣井路（竹田市植木）

仕　様

発電所名：城原井路発電所
所 在 地：大分県竹田市大字米納字白滝 652 番地
運転開始年月：平成 22（2010）年 4 月
所 有 者：大分県土地改良事業団体連合会（城原井路土地改良区）
目　　的：農業用水路を利用した小水力発電事業による農家の負担軽減と地域活性化
発電の形式／方式：流れ込み式／水路式
最大出力〔kW〕：25 kW　　　　　　常時出力〔kW〕：15 kW
最大使用水量〔m³/s〕：0.45 m³/s　　有効落差〔m〕：7.99 m

取水／放水

河川名／水系名（級別）：久住川／大野川水系（一級河川）
流域面積〔km²〕：25.9 km²

設　備

水　　　　車：横軸プロペラ水車，最大出力 25 kW，回転速度 1200 min⁻¹，(株)ターボブレード
発　電　機：永久磁石式同期発電機，最大出力 30 kW，回転速度 1200 min⁻¹，190 V，東洋電機(株)
制御・連系装置：パワーコンディショナー／30 kW，200 V
取水施設：溢流式固定堰／玉石・コンクリート・練石積，堤長 22 m，堤高 2.4 m
導　水　路：管路，延長 83 m
調圧設備／ヘッドタンク：水槽／コンクリート造
水　圧　管：塩化ビニル管，厚さ 14.6 mm，内径 500 mm

　大分県では，このポテンシャルに着目し，平成 21（2009）年からいち早く農業用水路を利用した小水力発電の事業化に向けて取り組みを開始しました．その事業化第 1 号となったのが，城原井路発電所です．

　城原井路は，県内随一の大河である大野川を水源としています．大野川流域は米所として知られる緒方平野などがあり，農業用水路が多くあります．これに関連して，日本一美しいダムともいわれる白水ダムや万里の長城を連想させる石

図 26・4　円形分水（竹田市九重野）

図 26・5　第一拱石橋（竹田市門田）

26 城原井路発電所

垣井路, 円形分水や水路橋など特徴的な建築物も各地に散在し, 豊かな水の流れと相まって独特の風情を醸し出しています.

　城原井路の歴史は約316年前にさかのぼります. 経済産業の開発に力を入れたときの岡藩主中川久清公の命により, 難工事のすえ寛文3（1663）年に竣工したと伝えられています. その後もくたびもの改修を経て, 現在は約250 ha, 391戸の農家の水田を潤しています.

　水路を管理する城原井路土地改良区では, 県のはたらきかけを受け, 小水力発電所の建設計画が急浮上しました. 少なからぬ投資を伴い, 運営コストもかかるプロジェクトには, 組合員の合意形成が難しいことが通常ですが, 農村で例外なく進む担い手の高齢化, さらに燃料費の上昇による経営の圧迫といった課題を乗り越え, 何とか地域の活力, 活性化につなげたいとの思いで, 組合員が一致団結. 関係者の合意形成という最初のハードルをすみやかにクリアすることができました.

　次の課題となる発電用の水利権については, 河川からの取水量は変えず, かんがい用の水利権の範囲内で行う従属水利での取得を計画しました. 現在は, 河川法の手続きも簡素化されていますが, 当時は管轄する国土交通省の手続きも難解であったため, 県が全面的にサポートを行いました. かんがい用の水利権が許可水利権であり, 取水量報告のデータが存在していたこともあり, 比較的すみやかに水利権を取得することができました.

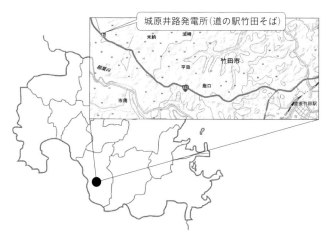

図26・6　城原井路発電所の位置図

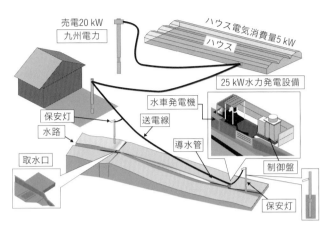

図 26・7　城原地区水力発電所概要図

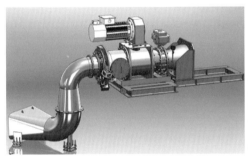

（特徴）
①低い姿勢のタービン部
②水量調整可変ガイドベーン
③ゴミ取り用の大きなサイドハンドホール
④放水位置に無理がないように2回大きく曲がっている吸出管部
⑤タービン羽にとって無理のない流れ通路

図 26・8

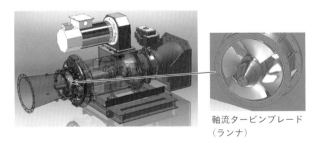

軸流タービンブレード
（ランナ）

図 26・9

配慮や工夫，特徴的な施設

①　水路の横に長さ約80mの導管を設置することにより，落差約8mを確保できる場所を建設地に選定しました．

171

26 城原井路発電所

② 建設費は約5千万円．農林水産省の実証事業として，全額補助金を利用しました．

③ 発電した電気はまず付近のいちごハウスの暖房や外灯の電源として利用し，残った電気を九州電力に売電することになります．当時は固定価格買取制度（FIT制度）が開始されていなかったため，RPS制度下での売電でした（その後FIT制度に移行）．売電収入は水路の維持管理費に充当しており，組合員の減少が続く中，農家の負担軽減に大いに効果を発揮しています．

④ 本事業の特徴的なことは，発電所の建設を県内の企業連合が行ったということです．水力発電については，長らく新規建設がほとんどない状況が続いていたため，発電システムを製造できる企業の数も全国的に少なくなっています．県内には幸い昭和初期から水力発電システムの設計・製造を手がけてきた企業（ターボブレード）が存在しており，この企業を中心にエネフォレスト，戸高製作所といった県内企業の協業体制を構築することができました．

⑤ 水力発電に用いる水車の型式には，フランシス，クロスフロー，ペルトンなど流量や落差に応じて様々ですが，今回のように低落差の条件で発電量を確保することは意外に難しいものです．企業連合では低落差に強いプロペラ式水車を採用し，発電量の確保に貢献しました．

⑥ 小水力発電所の運営にはごみの除去が大きな課題となります．城原井路も例外ではなく，ごみの除去には苦戦しており，除塵方法の変更など試行錯誤を重ねています．

⑦ 大分県内では城原井路に続く計画が着々と進行中です．平成26（2014）年の3月には，大分川流域の大竜井路を利用して，19 kWの発電所が完成，稼働開始しました．地元の建設業者が土地改良区から水路を借りて事業を行うという新しい事業形態で，農業団体による資金調達が困難な場合やリスクが敬遠される場合には有効な手段の一つと考えられます．県内では他にも，松木ダムや元治水土地改良区など農業水利施設を活用した発電所の建設が今後も予定されています．

⑧ FIT制度により全国各地で小水力発電の計画が持ち上がっていますが，大分県内の状況から推察するに，現実には採算性が比較的よい数百kW程度の規模より，FIT制度を利用しても事業性が決してよいとはいえない数十kW程度の規模の案件のほうが多いのではないかと予想されます．

⑨ 今後こうしたより小規模な小水力発電を事業化するためには，地域活性

化の視点を重視し，手続き面などのサポート，さらには財政面での支援も含めて，自治体がより積極的な役割を果たしていくことが求められます．

連絡先，関連 URL

1) 大分県商工労働部工業振興課エネルギー政策班　TEL 097-506-3263
2) 大分県農林水産部農村整備計画課 HP　http://www.pref.oita.jp/soshiki/15950/
3) 城原井路土地改良区　TEL 0974-66-2004

Column 6 無償資金協力によるフィリピン国イサベラ州の小水力発電事業

フィリピン国ルソン島北部に位置するイサベラ州サンマテオ郡にあるかんがい用水路ラテラル-B（有効落差3m）に，日本の無償資金協力事業による小水力発電設備が設置されました．この無償資金協力は，農村部のかんがい地域において小水力発電所を建設することにより，国産の再生可能エネルギー利用を促進し，もって温室効果ガス排出量の削減に寄与するもので，農村地域への電力普及に資することを目的としたフィリピン国の電力開発プロジェクトのひとつに位置付けられています．

近年，わが国においては小規模かんがい水路の落差工への設置を前提とした簡易型小型水車が開発されています．これらの水車は構造が簡単なため，適正な技術移転さえ行えば，フィリピン国の町工場でも製造・メンテナンスが可能なものであり，大幅なコストダウンが可能で，かんがい水路を利用した小水力発電の普及に貢献することが期待されています．そこで，途上国への技術移転に積極的な姿勢を見せている本邦メーカが簡易水車（立軸軸流水車）を使用して，プロジェクトに参加することになりました．

本プロジェクトは，土木工事から発電設備，変電設備，送電設備までの発電プラント一式を完成させるもので，プロジェクト予算の約75%が発電設備（水車・発電機および制御装置）であるため，プラント一式をメーカが受注することになりました．しかし，土木工事および送電・変電設備は現地業者が対応することになりました．このため，メーカには現地業者の選定，英文の契約書作成，進捗管理が求められ，コンサルタントの協力が不可欠でした．

工場検査，出荷・据付・調整試験は計画どおり終え，今後，完成運転終了後，国家灌漑庁よりフィリピン各州の調査に基づき，相当数の発注が予定されています．しかし，簡易水車であっても，本邦メーカの小水力発電設備を途上国において本格導入するためには，採算性を確保するためにコンサルタント業務や水車製作に関わるコストの大幅削減が不可欠と考えられます．

図① かんがい水路の落差工に設置された小水力発電設備（左：設置前，右：設置後）

表① 発電諸元概要

項　目	諸　元	備　考
発電形式	水路式・流れ込み式	かんがい用水従属型
最大使用水量	3.0 m³/s	単機 1.5 m³/s
落差	3.0 m	
最大出力	55 kW	単機出力 27.5 kW

表② 設備概要

項　目	仕様概要	備　考
水車	立軸軸流水車 × 2 有効落差 3.0 m 流量 1.5 m³/s 回転速度 1215 min^{-1}（増速後）	製造者：(株)北陸精機 (商品名：パワーアルキメデス)
発電機	三相誘導発電機 × 2 出力 30 kW × 2 電圧・周波数 440 V，60 Hz	製造者：(株)安川電機 (北陸精機にて組込み)
制御装置	水車発電機制御装置 保護継電器	製造者：(株)北陸精機
主要変圧器	単相油入変圧器 容量 37.5 kVA × 3 電圧 13.2 kV/440 V	現地調達 (現地標準品を適用)
高圧開閉装置	三相負荷開閉器（ヒューズ付） 電圧　24 kV	同上
送電線 (連系線)	三相4線式 電圧 13.2 kV 送電距離 2.2 km（連系点まで新設） 電柱　スチール製 39 本	同上
電力量計他	計器用変圧器 計器用変流器 積算電力量計	同上

参考サイト:http://www2.jica.go.jp/ja/evaluation/pdf/2012_1261100_1_s.pdf

付 録

付録 1　用語解説

あ行

維持流量（いじりゅうりょう）
　河川環境維持および魚などの成育のため，発電所の取り入れなどの取水施設から下流に流す水をいう．維持流量の要否および流量については一定のルールがあり，水利権の申請時に監督官庁および地元関係者と協議して決定される．

応水水調制御（おうすいすいちょうせいぎょ）
　ヘッドタンクの水位（流れ込む流量）に応じて発電機出力を調整し，ヘッドタンク水位を一定に保つ制御方式を水調制御（水位調整制御）といい，この制御に水車発電機の水位による自動起動停止機能を付加した制御を応水水調制御という．

か行

河川区域（かせんくいき）
　河川区域は，通常河川の流水が継続して存在する土地および反復して流水に覆われるため水生植物が繁茂する河状を呈する土地と堤防敷きの土地で，一般的には堤防右岸の法尻〜左岸の法尻までをいう．

河川占用許可（かせんせんようきょか）
　発電所設備を河川区域に建設する場合に行う許可申請である．河川区域については，実際の河川の形状と異なる場合があるので，監督官庁に確認する必要がある．また，手摺などの簡易な設備についても申請の対象となるから注意を要する．

河川の区分（かせんのくぶん）
　わが国の河川は，河川法により次のように，一級河川，二級河川，準用河川に区分されている．

- 一級河川：国土保全上または国民経済上特に重要な水系で，国土交通大臣が指定した水系を一級水系，その水系に属す政令で指定した河川（公共の水流

および水面）をいう（河川法第4条）．
- 二級河川：政令で指定された一級河川以外の水系で公共の利害に重要な関係がある河川で都道府県知事が指定したものをいう（河川法第5条）．
- 準用河川：一級河川および二級河川以外の河川で市町村長が指定したものをいい，二級河川に関する規定を準用する．

これら以外の自然水路は，法律上，河川該当しないものとされ，普通河川と呼ばれる．普通河川には，直接，海に流入するものもあるが，河川法が適用される河川のさらに上流に位置するものもある．

河川法　（かせんほう）

国土保全や公共利害に関係のある重要な河川を指定し，これらの管理，治水，利用等を定めた法律で，「河川の流水を占用しようとする者は，国土交通省令で定めるところにより，河川管理者の許可を受けなければならない」（法第23条），「河川区域内の土地を占用しようとする者は，国土交通省令で定めるところにより，河川管理者の許可を受けなければならない」（法第24条），「河川区域内の土地において工作物を新築し，改築し，又は除却しようとする者は，国土交通省令で定めるところにより，河川管理者の許可を受けなければならない．河川の河口附近の海面において河川の流水を貯留し，又は停滞させるための工作物を新築し，改築し，又は除却しようとする者も，同様とする」（法第26条）など，河川に関係する規制の根拠法である．

河川保全区域　（かせんほぜんくいき）

堤防や河川管理者が川の流れを調整したり，洪水の被害防止のために建設・管理している施設を保全するための区域を指す．

渇水量　（かっすいりょう）

1年のうち355日は，この流量よりも減少することがない水量をいう．

慣行水利権　（かんこうすいりけん）

旧河川法が施行された明治29年の時点において，すでに河川から取水を行っていたものをいい，これについては，改めて河川法に基づく取水の許可申請行為を要することなく，許可を受けたものとみなされている水利権をいう．

逆潮流　（ぎゃくちょうりゅう）

発電設備設置者の構内から系統側に向かう有効電力の流れ（潮流）のことをいう．

逆変換装置　（ぎゃくへんかんそうち）

直流電力から交流電力を電気的に生成する（逆変換する）電源回路をもつ電力変換装置のことで，インバータとも呼ばれる．回転機を使用して低圧配電に逆

潮流ありで連系する場合は，系統連系規程により，原則として逆変換装置を使用することが求められている．

キャビテーション （きゃびてーしょん）
圧力低下により流水に触れる機械部分の表面や，その表面近くに水で満たされない空所が発生（発泡）する現象をいう．流れ場中では流速が増加すると圧力が低下し，圧力が液体の飽和蒸気圧まで低下すると発泡が起こる．圧力が回復すると，キャビテーションが消滅し，同時に非常に高い衝撃圧が局所的に発生するため，水車の騒音振動や流水に触れる機械表面の壊食などが問題となる．

許可最大取水量 （きょかさいだいしゅすいりょう）
許可水利権によって許可された，河川から取水できる最大の量をいう．

許可水利権 （きょかすいりけん）
河川法第23条により許可された流水占有の権利をいう．

系統連系 （けいとうれんけい）
発電設備を電力系統に電気的に接続することをいう．連系点の電圧の種別により，高圧連系，低圧連系などがある．

系統連系規程 （けいとうれんけいきてい）
発電設備を系統へ連系する際に，電力事業者と発電設備設置者との間で，連系の条件について協議を行う必要がある．この協議を円滑に進めるため，系統連系に係る情報の透明性および公平性を確保する観点から，発電設備を系統に連系するときの技術要件を定めた規程をいう．

減水区間 （げんすいくかん）
取水により河川の流量が減少する区間をいう．

高圧連系 （こうあつれんけい）
600 V 以上，7000 V 以下（公称電圧 6600 V）で，電力会社等の高圧配電線に電気的に接続することをいう．接続できる容量は，原則として 2000 kW 未満である．

工事計画届け （こうじけいかくとどけ）
水力発電所を建設する場合に必要な電気事業法上の手続きで，地元を管轄する経済産業省産業保安監督部電力安全課が提出先となる．水力発電設備が一般用電気工作物となる場合や，ダムや堰を有しない 200 kW 未満の場合の届け出は不要である．

合成効率 (ごうせいこうりつ)
　水車，増（減）速機，発電機，それぞれの効率を掛け合わせた水車発電設備全体の効率で，総合効率ともいう．

固定価格買取制度 (こていかかくかいとりせいど)
　再生可能エネルギーで発電された電気を，国が定める価格で一定期間，電力会社が買い取ることを義務づける制度である．わが国では，2011年の夏に成立した「電気事業者による再生可能エネルギー電気の調達に関する特別措置法」により，2012年夏から施行された．電力会社に再生可能電力の全量買取を課すため「全量買取制度」と呼ばれたり，買取価格を政策的に決めるため固定価格買取制度（FIT：Feed in Tariff〈フィード・イン・タリフ〉）と呼ばれたりする．

最大使用水量 (さいだいしようすいりょう)
　発電所において使用する最大の水量であって，発電所の水路設計および設備容量を決定する基準となる水量である．通常最大使用水量は，最大取水量と一致するが，貯水池式発電所や調整池式発電所においては，ピーク時に水量を増して発電するため，使用水量が著しく大きくなる場合がある．

サージタンク (さーじたんく)
　ヘッドタンクまでの導水路が圧力トンネル等で長さが長い場合にヘッドタンクの代わりに設置される．水車の使用水量が急変したときに発生する水圧変化を吸収して水路および圧力トンネルを守る役目がある．

取水位 (しゅすいい)
　取水口水面の標高のことである．

取水設備 (しゅすいせつび)
　河川や水路から使用する水を導き入れるための設備で，一般的には流れる水をせき止める取水堰，洪水時等に土砂を排出する土砂吐きゲート，水を発電用の水路に取り込む取水口，ごみの流入を防ぐスクリーン，水路の点検時等に水の流入を止める制水ゲート，土砂を沈殿させる沈砂池，付属設備で構成される．

瞬時電圧変動 (しゅんじでんあつへんどう)
　落雷などによる故障などで電力系統の電圧が瞬間的に変動する現象をいう．小水力発電の場合は，誘導発電機の系統並列時の突入電流による瞬時電圧低下が問題となる．許容値は系統連系規程により常時電圧の10％以内（特別高圧電

線路の場合は2％が目安）とされている．系統並列時の瞬時電圧の抑制方法として，限流リアクトルなどがある．

常時使用水量　（じょうじしようすいりょう）
　1年を通じておおむね常時使用することが可能な水量である．流れ込み式発電の場合は，過去10年間の平均渇水流量から河川維持用水，かんがい，漁業，観光などのために必要な流量を控除した水量で，1年間のうち355日は使用することができる水量をいう．貯水式発電の場合は，取水および貯留の条件を遵守し，さらに10年間の各年に一度は満水するという条件で，年を通じて365日間使用できる最大の水量をいう（一般的には，使用水量の最小値が出きるだけ大きくなるよう貯水池使用曲線を描いて365日間使用できる水量を求め，その10年間平均値として求める）．

常時電圧変動　（じょうじでんあつへんどう）
　電力系統の負荷電流の増減等に伴い発生する定常的な電圧変動をいう．配電線の電圧は，標準電圧に対し一定の変動内に維持しなければならない（標準100Vの場合は101V±6V）．発電設備を配電系統に連系する場合も，常に適正電圧として定められた電圧変動内で運用する必要がある．

除塵機　（じょじんき）
　取水口またはヘッドタンクに設置されたスクリーンに詰まり流水を妨げる木片，ごみ，落葉等を自動的に除去する装置をいう．

水圧管　（すいあつかん）
　ヘッドタンクまたは圧力式水路の末端から水車に圧力水を送水するために設けられる．通常は鉄製FRPM管が使われるが，小規模な水力では塩ビ管等も用いられる．

水撃圧　（すいげきあつ）
　水車の閉塞器の動作によって，流量（負荷）を増減するときに生ずる水圧鉄管内の流速の変化に応じて，圧力波が閉塞器のところで発生し，一定の伝搬速度で管内を往復し，管路に圧力を加える．この圧力を水撃圧という．

水車　（すいしゃ）
　付録2の水車の分類を参照．

吸出し高さ　（すいだしたかさ）
　反動水車の指定位置（立軸フランシス水車ではランナベーンの出口下端，横軸フランシス水車ではランナベーン出口上端，カプラン水車ではランナステムの中心）から，吸い出し管出口の水面までの高さをいう．

水頭 (すいとう)

水力に関係するエネルギーは，位置エネルギー，圧力エネルギー，速度エネルギーに分けられる．これらは，すべて水の高さ（水柱）に換算して表すことができ，水力学ではそれぞれ位置水頭，圧力水頭，速度水頭と呼び，それらの総和を全水頭という．

水利権 (すいりけん)

水力発電所等で使用できる流水の占有利用の権利をいう．水力発電所で使用する水は特定水利と位置づけられており，監督官庁への許可申請が必要である．

水利使用料 (すいしようりょう)

水利使用料は，河川法に基づき河川の水利使用の対価として支払うものであり，次のように各水力発電所の理論水力に単価を掛けて算出したものをいう．

- 一般水力 = 1976 円 × 常時理論水力〔kW〕+436 円（988 円）× 特殊理論水力〔kW〕

  常時理論水力 = 常時使用水量〔m^3/秒〕× 常時有効落差〔m〕× 9.8

  特殊理論水力 = 最大理論出力 − 常時理論水力

  最大理論水力 = 最大使用水量〔m^3/秒〕× 最大有効落差〔m〕× 9.8

接続契約締結 (せつぞくけいやくていけつ)

電力会社等への接続検討申込みの結果を受領したのち，電力会社等に契約申し込みを行い，電力会社等が行う供給対策検討・系統連系工事設計に基づく供給承諾を経て，契約を締結することをいう．

接続検討申込み (せつぞくけんとうもうしこみ)

電力会社等の接続検討窓口へ申し込みを行うことをいう．系統連系に関する各種手続きの説明および接続検討に関連する情報公表の要請・閲覧等，事前相談を実施し，連系可否や連系ができない場合の代替案，系統アクセス工事の概要，発電者側が行う対策等に対する電力会社の回答を事前に確認する必要がある．申込にあたっては，一般的に接続検討調査料が必要になる．

設備認定申請書 (せつびにんていしんせいしょ)

再生可能エネルギーの固定価格買取制度において，再生可能エネルギーで発電した電力を電力会社等へ売電する場合は，その発電所の設備について認定を受ける必要がある．その認定に必要な書類をいう．

設備利用率 (せつびりようりつ)

発電設備が一定期間（1 年間）に定格出力で発電し続けたと想定して算出される発電電力量に対する実際の発電量の比率をいい，年間設備利用率〔％〕=〔年

間発電量〔kWh〕÷（定格出力×365日×24時間）〕×100で算出される．

総落差 （そうらくさ）
取水位と放水位の差をいう．

損失落差 （そんしつらくさ）
取水口から放水口までに失われるエネルギー量を落差として表したもので，水が管路または開水路を流れることによって（流速の2乗に比例する）失われるエネルギー量，配管の屈曲や水車流入部・流出部において損失するエネルギー量をいう．

た行

ダム水路主任技術者 （だむすいろしゅにんぎじゅつしゃ）
水力設備に関する工事，維持および運用に関する保安監督を行う技術者で，保安規程に基づき水力発電設備の保安確保を遂行するため，発電所ごとに選任しなければならない．

単線結線図 （たんせんけっせんず）
発電機から送電回路および発電所の所内電気回路を表す図面で，通常は三相ある電気回路を1本の線で簡潔に表した図面である．

単独運転 （たんどくうんてん）
事故や緊急時に発電設備が配電線から解列されないで運転されている状態をいう．このような状態が続くと，事故等により無電圧であるべき系統が充電され，事故点に電力を供給し続けることになり，感電，事故点の被害拡大や機器損傷のおそれがある．このため，上位系統事故，系統開放のときには，単独運転を確実に防止することが必要になる．

単独運転検出装置 （たんどくうんてんけんしゅつそうち）
単独運転状態を検出する保護装置で，発電設備を逆潮流ありで系統に接続する場合に必要である．単独運転の検出には，単独運転移行時の発電出力と負荷の不平衡による電圧位相や周波数などの急変を検出する受動的方式，あるいは常に与えている電圧や周波数の顕著な変動を検出する能動的方式が採用されている．

短絡容量 （たんらくようりょう）
電力系統で短絡故障が発生すると，各電源から短絡地点に向かって短絡電流が流れる．この短絡電流は，遮断器が動作し，短絡点が回路から切り離されるまで継続する．短絡容量は短絡電流に線間電圧を乗じて求める．短絡電流は，配電線の長さなどに左右されるため，配電線のインピーダンスを電力会社に確認

する必要がある．

調速制御（ちょうそくせいぎょ）
独立運転の場合は，負荷の増減にかかわらず発電機の周波数を一定に保つ制御などをいい，系統並列の場合は系統周波数に応じて出力の自動調整を行って系統周波数を一定に保つような制御等をいう．

調速装置（ちょうそくそうち）
水車の回転速度および出力を調整するため自動的に水口（ガイドベーン，ニードル等）の開度を加減する装置をいい，速度検出部，速度・負荷制御部，サーボモータ，手動操作機構などから構成される．

沈砂池（ちんさち）
河川等から灌漑，上水，発電などの用水を取水するとき，流速を小さくして土砂を沈殿させるために取水口の近くに設ける施設で，一般的には長方形の池が主要な構造物になる．

低圧連系（ていあつれんけい）
600 V 以下（公称電圧 200 V および 100 V）で，電力会社等の低圧配電線に電気的に接続することをいう．接続できる容量は，原則として 50 kW 未満である．

低水量（ていすいりょう）
1年のうち 275 日は，この流量よりも減少することのない水量をいう．

電気工作物（でんきこうさくぶつ）
電気工作物は電気事業法第 38 条で定義され，以下のように区分される．
- 一般用電気工作物：一般住宅や小規模な店舗，事業所などのように電気事業者から低圧（600 V 以下）で受電し，その電気をその構内（これに準ずる区域内を含む）で使用するための電気工作物をいう．水力発電所においては，600 V 以下の電圧で，ダムや堰を有しない出力 20 kW 未満および最大使用水量毎秒 1 m^3 未満の発電所をいう．
- 事業用電気工作物：一般用電気工作物以外の電気工作物をいい，電気事業の用に供する電気工作物と自家用電気工作物に分けられる．
- 電気事業の用に供する電気工作物：電気事業者の発電所，変電所，送配電線路などの電気工作物をいう．
- 自家用電気工作物：電気事業法で「電気事業の用に供する電気工作物および一般用電気工作物以外の電気工作物」と定義される．具体的には，電力会社から 600 V を超える電圧で受電して電気を使用する設備が該当する．

電気事業法 （でんきじぎょうほう）
　電気事業および電気工作物の保安確保について定め，電気工作物の工事，維持・運用を規制する法律である．

電気主任技術者 （でんきしゅにんぎじゅつしゃ）
　電気設備に関する工事，維持，および運用に関する保安の監督を行う技術者で，保安規程に定めた電気設備の保安確保のために，選任する必要がある．

同期発電機 （どうきはつでんき）
　回転子の磁界がコイルを横切る，または固定子の磁界をコイルが横切るなどの磁界に抗した回転で，回転速度に同期した発電を行う交流発電機である．巻線を励磁して磁界を発生させる巻線式と永久磁石を使う永久磁石式がある．周波数は発電機の回転速度に比例する．

同期並列制御 （どうきへいれつせいぎょ）
　発電機を電力会社の配電線または送電線に接続するため，発電機側と系統側の周波数，電圧，位相差などを自動調整するとともに同期点が並入できるように並列用遮断器に投入指令を出す制御をいう．同期発電機を使用して系統並列する場合に必要な制御である．

導水路 （どうすいろ）
　取水口から水槽までの水路をいい，圧力式と無圧式に分類される．

独立運転（自立運転） （どくりつうんてん）
　発電設備を電力系統に接続しない状態で運転することをいう．小水力発電の場合，発電機の形式は同期発電機となる．

動力伝達装置 （どうりょくでんたつそうち）
　水車の回転エネルギー（軸を回す動力）を発電機に伝える装置を指す．大中水力では伝達する動力が大きいこと，伝達ロスを減らすことを優先して発電機と水車を直結することが多い．しかし，小水力では伝達動力が小さく，構造的に小規模であるため，動力伝達装置を介して発電機を駆動することが少なくない．動力伝達装置を介すことで，変速（増減速）ができるため，発電機と水車の回転速度の選択範囲をそれぞれ広げられるというメリットもある．装置としてはギヤボックス，ベルト駆動，チェーン駆動などがある．

ドラフトチューブ（吸出し管） （どらふとちゅーぶ）
　反動水車（フランシス水車，軸流水車，斜流水車）のランナの出口から放水面までの接続管をいう．単なる水路管の役割でなく，ランナと放水面間の落差を有効に利用できる機能を有する．

は行

発電機出力 (はつでんきしゅつりょく)

発電機出力 P_G〔kW〕は,理論出力を P,水車の効率を η_T,発電機効率を η_G とすれば,$P_G = P \times \eta_T \times \eta_G$〔kW〕で表される.

発電原価 (はつでんげんか)

1 kWh の電気生産に必要な費用〔円/kWh〕で,年経費〔円〕を年間発電電力量〔kWh〕で割って求める.年経費は,初期費用,維持管理費,更新費などを含めた1年当たりの経費である.発電原価が買取価格より低くなければ,採算性がないことになる.

発電所形式 (はつでんしょけいしき)

発電所形式は,取水方法と発電所運用の違いで,それぞれ分類される.
取水方法では,以下のように3分類される.

- 水路式発電所:河川の水を上流で堰き止めて,取水口から導水路によってヘッドタンクへ導き,ヘッドタンクより水圧管によって発電所へ送水し,その間の落差を得る方式.
- ダム式発電所:河川を横断してダムを築造し,ダムの貯水面と発電所の落差を得る方式.
- ダム水路式発電所:水路式とダム式との長所を活用した方式.

発電所運用による分類は,以下の4形式である.

- 流れ込み式発電所:水路式発電所に多く,河川流量に応じて発電する発電所.
- 貯水池式発電所:ダムを築造し,人工湖を形成するか,あるいは水路の途中の自然湖を利用して貯水池とする.この貯水池を利用して数十日から数ヶ月,水を蓄えて,発電するといったピーク発電を可能とする発電所.
- 調整池式発電所:貯水池式発電所のように大きな貯水容量をもたず,数時間の程度の容量をもって,ピーク発電を可能とする発電所.
- 揚水式発電所:人工湖または自然湖など上下に2つの池を有して,豊水時の余剰電力や原子力発電等の深夜電力を利用して,ポンプによって下部貯水池から上部貯水池へ汲み上げ,ピーク負荷時に発電として利用する発電所.

比速度 (ひそくど)

1 m の落差(単位落差)で 1 kW の動力(単位出力)を発生するときの水車の1分間の回転速度のことをいい,単位は〔m·kW〕である.水車は大きさに関係なく,羽根車の形状が相似形で流れ場の状態も相似であれば,性能もおおよ

そ相似になるので，羽根車の形状や運転状態を相似に保ち，縮小拡大して単位落差で単位出力を発生するときの回転速度を求めることができる．比速度は水車タイプによって特有の値となる．

比流量 （ひりゅうりょう）
単位流域面積当たりの流量をいう．流量を流域面積で除して求める．洪水，平水，渇水などに対応して比流量が求められる．

平水量 （へいすいりょう）
1年のうち185日は，この流量よりも減少することのない水量をいう．

ヘッドタンク （へっどたんく）
無圧式の導水路の末端と水圧管の間に位置する水槽をいう．発電所の出力変動に伴う水の過不足を一時的に調整し，流水中の土砂を沈殿させ，スクリーン等を設けてじんかい，落葉などを取り除く目的がある．

保安規程 （ほあんきてい）
電気事業法第42条第1項の規定に基づき「事業用電気工作物の設置者は，電気工作物の工事，維持および運用に関する保安を確保する」ことを目的として作成しなければならないものとして位置づけられている規程である．内容は，大きく2つに分かれ，1つは主任技術者を中心とする電気工作物の保安業務分掌などの保安管理体制について，もう1つは組織を通じて行う具体的な保安業務の内容である．

放水位 （ほうすいい）
放水口水面の標高のことである．

放水施設 （ほうすいしせつ）
水車で発電に使用された水を安全に河川や水路へ戻す施設で，開渠または暗渠が一般的である．洪水時など河川の水位が上昇した場合にも安全に放水するための配慮や河川や水路からの逆流を抑える設備等が必要になることもある．

豊水量 （ほうすいりょう）
1年のうち95日は，この流量より減少することがない（下回ることがない）水量をいう．流況曲線から求めることができる．

放水路 （ほうすいろ）
発電に使用された水を河川や水路などの放水先に放流するための水路をいう．

行

無拘束速度 （むこうそくそくど）

　水車が無負荷（水車への入力と水車内部での損失が等しくなる）で回転する速度をいい，ランナウェイ速度とも呼ぶ．起こり得る最大のものを最大無拘束速度といい，一般に無拘束速度はこの最大値を指すことが多い．水車発電機の設計にあたっては，無拘束速度で回転した場合の各部の遠心力による耐力を充分考える必要があるとともに，水車および発電機の軸系の危険速度が，無拘束速度より高い値となっていなければならない．無拘束速度は水車タイプごとに固有の特性をもち，比速度が大きくなると，無拘束速度／定格回転速度比が大きくなる．

行

有効落差 （ゆうこうらくさ）

　水車に作用する落差のことをいう．総落差から損失落差を差し引いた落差となる．

誘導発電機 （ゆうどうはつでんき）

　回転磁界の中に置いた導体は過電流を発生させ，回転磁界の回転方向にトルクを生じる．この回転方向に力を加えて同期速度以上の回転速度にすると磁界に抗して回転することで導体に電力が発生する．誘導発電機は，導体に励磁電流を流すために系統などと連系する必要があり，単独運転はできない．周波数は接続される電源の周波数に等しくなる．

ら行

流況曲線 （りゅうきょうきょくせん）

　河川流量（日流量）を縦軸，1年の日数を横軸とし，河川流量の大きなものから小さなものに順に並べて，曲線で結んだものをいう．

流出率 （りゅうしゅつりつ）

　河川流出量と降水量の比をいう．一定期間の積算降水量〔mm〕に流域面積を乗じて求める降水の総量に対するその流域からの河川流出量の比で表す．

流量観測 （りゅうりょうかんそく）

　流量を測定によって求められることをいう．流量とは，単位時間にある断面を流れる水の体積で，様々な測定方法がある．直接容器で量る容積法，量水堰という板状の器具を用いる量水堰法，流速計などを用いて流速を計測して流積（流

れの横断面積）を乗じて求める方法などがある．流速測定には，プロペラ式，電磁式や超音波式などの流速計がよく使用される．

理論出力　（りろんしゅつりょく）
水車に作用する有効落差を H〔m〕，流量を Q〔m³/秒〕とすれば，理論出力 P〔kW〕は，水の比重 $1\mathrm{t/m}^3$ として，$P=9.8 \times QH$ で表される．

励磁制御　（れいじせいぎょ）
同期発電機の励磁電流を調整して，発電機電圧や無効電力（力率）などを一定に調整する制御をいう．

励磁装置　（れいじそうち）
同期発電機を励磁する装置をいい，小水力では交流励磁機と回転整流器を使用したブラシレス励磁装置が主流である．励磁装置は，これに加え励磁用変圧器，界磁遮断器，サイリスタ，自動電圧調整器（AVR）などから構成される．

連系運転　（れんけいうんてん）
発電設備を電力系統に接続して運転する状態をいう．

H-Q 曲線　（H-Q きょくせん）
観測地点の水位（H）と流量（Q）の関係をグラフ化したもので，一般に二次曲線で作成される場合が多い．連続的に観測できる水位データから流量を推定するために使われる．水位と流量の関係が1対1で対応していることが前提となる．

RPS 法　（RPS ほう）
電力会社に一定割合で太陽光，風力，小水力およびバイオマスなどの再生可能エネルギーの導入を義務づける制度である．わが国では，2002年に「電気事業者による新エネルギー等の利用に関する特別措置法」として策定され，翌2003年から施行された．一定割合の再生可能エネルギーで発電される電気を総電力構成の中に義務づける制度（Renewable Portfolio Standard）であるため，通称 RPS 制度と呼ばれる．固定価格買取制度の導入により，2012年以降の設備には適用されない．

付録2　水車の分類

　水車は，水のエネルギーを回転運動のエネルギーに変えて動力などに利用するための機械で，古くからさまざまな種類のものが使用されている．一般的に，水車は回転の原理，水の流れ方向や構造により分類される．ここでは，2006年に改訂された日本電気学会電気規格調査会標準規格（JEC規格）JEC-4001-2006「水車およびポンプ水車」に従って水車分類を説明する．

■水力学的分類

　JEC-4001-2006は，旧規格（JEC-4001-1992）を改定したもので，水車の水力学的分類に関しては文献および国際電気標準会議のIEC/TR 61364（Nomenclature for hydroelectric power-plant machinery）を参考に，以下の点について見直されている．

- 水力学的な動作原理から「衝動水車」，「反動水車」に2分類した．
- 衝動水車にターゴ水車を追加した．
- クロスフロー水車の水力学的な位置付けを明確化し，衝動水車と反動水車の中間に位置付けた．
- 反動水車は，まず流れ方向により分類し，さらに機構や水力学的分類に従って細分類した．
- 旧規格で軸流水車の総称としていた「プロペラ水車」は，国際的には固定羽根軸流水車を指すことが一般的であるため，名称の見直しを行った．

表付2・1　水車の水力学的分類

水車			
衝動水車		ペルトン水車	
		ターゴ水車	
		クロスフロー水車	
反動水車	遠心水車	フランシス水車	
	斜流水車	デリア水車	
	軸流水車	カプラン水車	
		プロペラ水車	
		セミカプラン水車	
		チューブラ水車	バルブ形水車
			ピット形水車
			一体形水車
			S形水車

＊　クロスフロー水車は，衝動水車と反動水車の特性を併せもち，それらの中間に位置付けられる．

JEC規格（JEC-4001-2006）の水車分類は表付2·1のとおりで，まず衝動水車と反動水車に分けられた．ただし，クロスフロー水車は衝動水車と反動水車の両方の特性をもつので，それらの中間に位置付けられた．
　衝動水車：圧力水頭を速度水頭に変えた流水をランナに作用させる構造の水車
　反動水車：圧力水頭のある流水をランナに作用させる構造の水車
　表付2·1の反動水車の分類は，小水力開発においてしばしば参考にされる「中小水力発電ガイドブック（新訂5版）」と大きく異なっている．JEC規格の反動水車は，基本的に次のような考え方で分類されている．
　第一に，ランナを通過する水の流れ方向で，図付2·1のように「遠心水車」，「斜流水車」，「軸流水車」に3分類される．

水がランナ外周から流入し，軸方向に向きを変えて流出する　　　水が軸の斜め方向からランナに流入し，流出する　　　水が軸方向からランナに流入し，流出する

遠心水車　　　　　斜流水車　　　　　軸流水車

図付2·1　ランナへの流水方向による分類

　遠心水車：流水がランナ外周から半径方向に流入し，ランナ内において軸方向に向きを変えて流出する水車
　斜流水車：流水がランナを軸に対して斜め方向に通過する水車
　軸流水車：流水がランナを軸方向に通過する水車

　第二に，図付2·2のようにガイドベーンを通過する水の流れ方向で，軸流水車がチューブラ水車とそれ以外が区分され，さらにチューブラ水車以外はガイドベーンとランナベーンが可動か固定かで表付2·2のように区分される．

付録

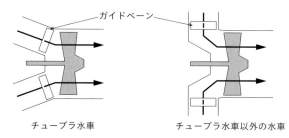

図付 2·2　ガイドベーンへの流水方向による分類

表付 2·2　チューブラ水車以外の水車のガイドベーン，ランナの可動 / 固定による分類

	ガイドベーン	ランナ
カプラン水車	可動	可動
セミカプラン水車	固定	可動
プロペラ水車	可動 / 固定	固定

　最後に，チューブラ水車が構造上の発電機の配置で，バルブ形，ピット形，一体形，S字形に細分される．
　それぞれの水車の特徴は，次のようにまとめられる．
　ペルトン水車：衝動水車の一つで，ノズルから流出するジェットを左右対称の
　　　二つのわん形状のバケットに作用させる水車
　ターゴ水車：衝動水車の一つで，ノズルから流出するジェットを一つのわん形
　　　状のバケットに対して斜めに作用させる水車
　クロスフロー水車：衝動水車および反動水車の特性を併せもち，流水が円筒形
　　　ランナに軸と直角に流入し，ランナを貫通して流出する水車
　フランシス水車：反動水車の一つで，流水がランナ外周から半径方向に流入し，
　　　ランナ内において軸方向に向きを変えて流出する遠心水車
　デリア水車：反動水車の一つで，流水がランナを軸に斜め方向に通過する形式
　　　でガイドベーンの開度と関連させて自動的にランナベーンの開き角度を調
　　　節できる斜流水車
　カプラン水車：反動水車の一つ．流水が半径方向にガイドベーンを通過し，軸

方向に向きを変えてランナに流入し通過する形式で，ガイドベーンの開度
　　と関連させて自動的にランナベーンの開き角度を調節できる軸流水車
　プロペラ水車：反動水車の一つ．流水が半径方向にガイドベーンを通過した後，
　　軸方向に向きを変えてランナに流入し通過する形式で，ガイドベーンの開
　　度は可変または固定，ランナベーンの角度は固定の軸流水車
　セミカプラン水車：反動水車の一つで，流水が半径方向にガイドベーンを通過
　　し，軸方向に向きを変えてランナに流入し通過する形式でガイドベーンの
　　開度が固定，ランナベーンの開き角度が調節できる軸流水車
　チューブラ水車：反動水車の一つで，流れが軸方向あるいは軸に斜め方向にガ
　　イドベーンを通過し，軸方向にランナへ流入し通過する水車で，発電機が
　　軸方向に水車と直列に配置される構造をもち，ランナベーンの開き角度と
　　ガイドベーンの開度はいずれも可変または固定されている水車．発電機の
　　配置により以下のように区分される．
　　バルブ形水車：発電機が水車上流側流水路中の電球（バルブ）形状をした
　　　ハウジング内に設置される構造の水車
　　ピット形水車：発電機が水車上流側流水路中のピット内に据え付けられる
　　　構造の水車
　　一体形水車：発電機がランナ外周に設置される構造で，発電機ロータがラ
　　　ンナ外周で支えられ，ランナとともに回転する水車
　　Ｓ形水車：Ｓ字状に屈曲した吸出し管をもち，発電機がランナ下流側流水
　　　路外に配置され吸出し管を貫通する水車軸と接続されている構造の水
　　　車，または水車上流側の流水路がＳ字状に屈曲し，吸出し管は直線
　　　形状で発電機が水車上流側流水路外に配置され貫通する水車軸と接続
　　　される水車（上流Ｓ形水車）

■構造による分類

構造上の特徴からは，次のように分けられる．
- 軸方向
　　立軸形：主軸が鉛直に据え付けられる水車
　　横軸形：主軸が水平に据え付けられる水車
　　斜軸形：主軸が斜めに据え付けられる水車
- ランナの数
　　単輪形：ランナが一つの水車

二輪形：ランナが二つの水車
- ランナの段数（フランシス水車）
　　　単段形：ランナが一段の水車
　　　多段形：ランナが多段の水車
- 放流の数（フランシス水車）
　　　単流形：ランナの片側から放流する水車
　　　複流形：ランナの両側から放流する水車
- ノズルの数（ペルトン水車）
　　　単射形：ノズルが一つの水車
　　　二射〜六射形：ノズルが二から六つの水車
- ノズルの数（ターゴ水車）
　　　単射形：ノズルが一つの水車
　　　二射形：ノズルが二つの水車
- ガイドベーンの数（クロスフロー水車）
　　　一枚形：ガイドベーンが一つの水車
　　　二枚形：ガイドベーンが二つの水車
　　　三枚形：ガイドベーンが三つの水車
- ケーシングの有無，形状（反動水車）
　　　渦巻形：ケーシングが渦巻形の水車
　　　半渦巻形：ケーシングが半渦巻形の水車
　　　前口形：ケーシングが円胴形で，円胴の軸方向に水圧管から導水する構造の水車
　　　横口形：ケーシングが円胴形で，円胴軸に対して直角方向に水圧管から導水する構造の水車
　　　円筒形：ケーシングが円筒形で，円筒軸の方向に水が通過する構造の水車
　　　露出形：ケーシングがない水車
  - ランナベーンの構造（軸流水車）
　　　可動羽根形：ランナベーンの角度を変えられる水車
　　　固定羽根形：ランナベーンの角度が変えられない水車

- 本書の内容に関する質問は，オーム社書籍編集局「(書名を明記)」係宛に，書状またはFAX(03-3293-2824)，E-mail(shoseki@ohmsha.co.jp)にてお願いします．お受けできる質問は本書で紹介した内容に限らせていただきます．なお，電話での質問にはお答えできませんので，あらかじめご了承ください．
- 万一，落丁・乱丁の場合は，送料当社負担でお取替えいたします．当社販売課宛にお送りください．
- 本書の一部の複写複製を希望される場合は，本書扉裏を参照してください．

JCOPY <(社)出版者著作権管理機構 委託出版物>

事例に学ぶ 小水力発電

平成27年2月20日　第1版第1刷発行

編　者　小林　　久（こばやし　ひさし）
　　　　金田　剛一（かねだ　ごういち）
発行者　村上和夫
発行所　株式会社　オーム社
　　　　郵便番号　101-8460
　　　　東京都千代田区神田錦町3-1
　　　　電話　03(3233)0641(代表)
　　　　URL http://www.ohmsha.co.jp/

© 小林　久・金田剛一 2015

印刷　三美印刷　　製本　関川製本所
ISBN978-4-274-21712-8　Printed in Japan

関連書籍のご案内

待望の完成！

地中熱利用ヒートポンプシステム
施工・管理・導入のための
ノウハウを網羅した「施工管理マニュアル」。
ついに刊行いたします!!!

地中熱ヒートポンプシステム
施工管理マニュアル

特定非営利活動法人 **地中熱利用促進協会** 編
B5判／184ページ／定価（本体3200円【税別】）

お得な情報　本書は施工に関わる実務の方々の必携書としてだけでなく、2015年1月から開始する技術者資格制度
「**地中熱施工管理技術者**」**試験のテキスト**としても
活用いただけます。

■主要目次　第1章　序論／第2章　計画提案と設計／第3章　地中熱交換井／第4章　配管／第5章　ヒートポンプ（熱源機）と熱源補機／第6章　試運転と維持管理／第7章　モニタリングとシステム評価／第8章　施工管理一般／巻末資料

地中熱を利用した
ヒートポンプシステムの実務書！

地中熱ヒートポンプシステム

北海道大学 **地中熱利用システム工学講座** 著
B5判／180ページ／定価（本体3000円【税別】）

■主要目次　第1章　地中熱ヒートポンプシステムの基礎知識／第2章　地中熱交換器／第3章　熱源機（ヒートポンプ）と補機／第4章　冷暖房システム／第5章　地中熱ヒートポンプシステムの設計／第6章　地中熱ヒートポンプシステムの評価と将来展望／付録　地中熱ヒートポンプシステムの実施例

もっと詳しい情報をお届けできます。
◎書店に商品がない場合または直接ご注文の場合は右記宛にご連絡ください。

ホームページ http://www.ohmsha.co.jp/
TEL／FAX TEL.03-3233-0643　FAX.03-3233-3440

（定価は変更される場合があります）

関連書籍のご案内

オフィスや商業施設、公共施設など、導入を検討している方必見！

地中熱利用ヒートポンプシステムの実践に即した「事例」で徹底解説、導入検討にと〜っても役立つ本。

地中熱利用 ヒートポンプシステム 事例に学ぶ

内藤 春雄 著
特定非営利活動法人 地中熱利用促進協会 編集協力
B5判／208ページ／定価（本体3000円【税別】）

お得な情報　導入対象となる施設の規模の大小を問わず、技術・科学的な基礎から、事前調査や設計施工、維持管理、コスト、安全性確保、防災までを、実際の事例に基づいてリアルに解説しました。

主要目次　第1章　店舗・商業施設・博物館／第2章　オフィス・工場／第3章　学校・病院・公民館・役場／第4章　住宅・農業・道路

見開き2頁区切りのQ＆Aで、話題の「地中熱利用ヒートポンプ」の基本がわかる。

地中熱利用ヒートポンプの 基本がわかる本

特定非営利活動法人 地中熱利用促進協会 監修
内藤 春雄 著
A5判／178ページ／定価（本体2600円【税別】）

主要目次　第1章　いま、注目の地中熱利用ヒートポンプとは／第2章　そもそもヒートポンプとは／第3章　どのようなシステムなのか／第4章　メンテナンスフリーが確保できる工事技術／第5章　さまざまな建物で利用されている／第6章　地中熱利用ヒートポンプのコストと効果／付録1　地下水に関する規制／付録2　地中熱利用促進協会

もっと詳しい情報をお届けできます。
※書店に商品がない場合または直接ご注文の場合は右記宛にご連絡ください。

ホームページ　http://www.ohmsha.co.jp/
TEL／FAX　TEL.03-3233-0643　FAX.03-3233-3440

（定価は変更される場合があります）

関連書籍のご案内

小水力発電がわかる本
―しくみから導入まで―　全国小水力利用推進協議会 編

しくみから導入、維持管理までの全体像がわかる！

発電施設の規模の大小を問わず、小水力発電の導入を検討する際に役立つ本として、技術・科学的な基礎知識から、事前調査や手続の具体的な進め方、設計施工、維持管理、安全性確保、防災面までを見開き区切りＱ＆Ａ形式（約70項目）でまとめています。

主要目次
1. 概要を知る
2. 資源としての水
3. 小水力発電所の構成
4. 導入のための知識
5. 維持管理のための知識

定価（本体2500円【税別】）
A5判・168頁

小水力エネルギー読本
小水力利用推進協議会 編

基本原理から導入のノウハウまで

現在、国内各地で進みつつある小水力エネルギー利用について、小水力利用・小水力発電等の基礎的原理から導入のノウハウ、具体的な実施例などまでを、経済面、法・制度面、環境側面も含めて平易に解説する実務書である。

主要目次
- 第1章　小水力の過去と未来 ―河川とエネルギー小史―
- 第2章　水の特性と利用
- 第3章　水力エネルギーの特徴と原理
- 第4章　水車の知識と設計
- 第5章　水力発電機と送配電
- 第6章　開発サイトと土木設備
- 第7章　マイクロ水力発電の計画と評価
- 第8章　法律・制度と社会システム
- 第9章　これから小水力発電に取り組むための手引き
- 第10章　さまざまな小水力発電

定価（本体3300円【税別】）
A5判・240頁

もっと詳しい情報をお届けできます。
※書店に商品がない場合または直接ご注文の場合は右記宛にご連絡ください。

ホームページ　http://www.ohmsha.co.jp/
TEL/FAX　TEL.03-3233-0643　FAX.03-3233-3440

（定価は変更される場合があります）